中国新农科水产联盟"十四五"规划教材
教育部首批新农科研究与改革实践项目资助系列教材
水产类专业实践课系列教材
中国海洋大学教材建设基金资助

海洋渔业技术实验与实习

盛化香　黄六一　主编

U0189837

中国海洋大学出版社

·青岛·

图书在版编目（CIP）数据

海洋渔业技术实验与实习／盛化香，黄六一主编. —青岛：中国海洋大学出版社，2022.12

水产类专业实践课系列教材／温海深主编

ISBN 978-7-5670-3301-6

Ⅰ. ①海…　Ⅱ. ①盛…　②黄…　Ⅲ. ①海洋渔业—教材　Ⅳ.①S97

中国版本图书馆CIP数据核字（2022）第192461号

出版发行	中国海洋大学出版社
社　　址	青岛市香港东路 23 号　　　邮政编码　266071
出 版 人	刘文菁
网　　址	http://pub.ouc.edu.cn
责任编辑	姜佳君
电　　话	0532-85901040
电子信箱	j.jiajun@outlook.com
印　　制	青岛国彩印刷股份有限公司
版　　次	2022 年 12 月第 1 版
印　　次	2022 年 12 月第 1 次印刷
成品尺寸	170 mm×230 mm
印　　张	11.75
字　　数	190 千
印　　数	1—2 000
定　　价	56.00 元
订购电话	0532-82032573（传真）

发现印装质量问题，请致电 0532-58700166，由印刷厂负责调换。

总前言

2007—2012 年，按照教育部"高等学校本科教学质量与教学改革工程"的要求，结合水产科学国家级实验教学示范中心建设的具体工作，中国海洋大学水产学院组织相关教师主编了水产科学实验教材 6 部，包括《水产动物组织胚胎学实验》《现代动物生理学实验技术》《贝类增养殖学实验与实习技术》《浮游生物学与生物饵料培养实验》《鱼类学实验》《水产生物遗传育种学实验》。这些教材在我校本科教学中发挥了重要作用，部分教材作为实验教学指导书被其他高校选用。

这么多年过去了，如今这些实验教材内容已经不能满足教学改革需求。另外，实验仪器的快速更新客观上也要求必须对上述教材进行大范围修订。根据中国海洋大学水产学院水产养殖、海洋渔业科学与技术、海洋资源与环境 3 个本科专业建设要求，结合教育部《新农科研究与改革实践项目指南》内容，我们对原有实验教材进行优化，并新编了 4 部实验教材，形成了"水产类专业实践课系列教材"。这一系列教材集合了现代生物、虚拟仿真、融媒体等先进技术，以适应时代和科技发展的新形势，满足现代水产类专业人才培养的需求。2019 年，8 部实验教材被列入中国海洋大学重点教材建设项目，并于 2021 年 5 月验收结题。这些实验教材不仅满足我校相关专业教学需要，也可供其他涉海高校或农业类高校相关专业使用。

本次出版的 10 部实践教材均属中国新农科水产联盟"十四五"规划教材。教材名称与主编如下：

《现代动物生理学实验技术》（第 2 版）：周慧慧、温海深主编；

《鱼类学实验》（第 2 版）：张弛、于瑞海、马琳主编；

《水产动物遗传育种学实验》：郑小东、孔令锋、徐成勋主编；

《水生生物学与生物饵料培养实验》：梁英、薛莹、马洪钢主编；

《植物学与植物生理学实验》：刘岩、王巧晗主编；

《水环境化学实验教程》：张美昭、张凯强主编；

《海洋生物资源与环境调查实习》：纪毓鹏、任一平主编；

《养殖水环境工程学实验》：董登攀、宋协法主编；

《增殖工程与海洋牧场实验》：盛化香、唐衍力主编；

《海洋渔业技术实验与实习》：盛化香、黄六一主编。

编委会

前言

　　海洋渔业技术学是根据捕捞对象种类、数量、生活习性以及渔场环境（底质、地貌、水文、气象）等特点，研究海洋渔业生产技术的综合性学科，是水产科学的重要分支，是培养学生生产技能和动手能力的一门课程。海洋渔业技术实验与实习是海洋渔业技术学的配套实践课程，是海洋渔业科学与技术专业必修的专业课程。

　　本教材从基本知识、渔具实验、渔具手工艺、渔业生产等出发，系统地将海洋渔业技术学理论与实践紧密结合起来，培养学生的基本实践技能。课程通过基本知识，让学生对渔具的材料与结构有清晰的认识；通过渔具实验，让学生能够对渔具材料、网线、网片、绳索和浮子的相关指标与性能进行鉴定与测定；通过渔具手工艺，让学生掌握网片的编结技术、增减目技术、剪裁技术、缝合技术、网衣修补技术和绳索结接技术；通过渔业生产实习，让学生掌握单船底拖网生产技术和渔获物处理技能。这一系列综合实验与实习，可为学生将来从事网具生产与设计、渔业生产和管理等工作打下良好的基础。

　　本教材依据海洋渔业科学与技术专业相关的研究成果和大量文献资料编写而成，体现了专业特色和当代教学改革的特点，注重对学生实践能力和创新精神的培养，具有鲜明的特色和先进性。

　　由于作者水平所限，教材难免有不足之处，恳请读者批评指正。

作者

2022 年 3 月

目录

第一部分　总论

海洋渔业技术实验与实习目的和要求　/002

课程安全须知　/004

实验报告撰写　/006

实习报告撰写　/008

教学纪律　/010

第二部分　渔具基本知识篇

渔具分类　/012

渔具结构　/019

渔具材料　/024

网　线　/028

网　片　/033

绳　索　/041

第三部分　渔具实验篇

实验1　渔具材料实验的基本条件与预加张力的测定　/044

实验2　常用渔用合成纤维的鉴别　/047

实验3　渔用网线密度的测定　/054

实验4　网线捻度与捻缩率的测定　/057

实验5　网线直径与线密度的测定　/061

实验6　渔用合成纤维含水率和回潮率的测定　/065

实验7　渔用网线断裂强力与结节断裂强力的测定　/070

实验8　渔用网片性能的测定　/074

实验9　渔用绳索性能的测定　/084

实验10　硬质泡沫塑料浮子的物理与机械性能测定　/092

第四部分　渔具手工艺篇

实验1　渔用网片编结技术　/100

实验2　渔用网片增/减目编结技术　/109

实验3　渔用大网目编结技术　/117

实验4　渔用网片剪裁技术与计算　/121

实验5　渔用网片缝合技术　/128

实验6　渔用网衣缝合技术　/136

实验7　绳索结接技术　/141

第五部分　渔业生产实习篇

实习1　单船底拖网渔船生产技术实习　/158

实习2　单船底拖网渔获物处理实习　/164

主要参考文献　/176

第一部分

总论

海洋渔业技术实验与实习目的和要求

课程安全须知

实验报告撰写

实习报告撰写

教学纪律

海洋渔业技术实验与实习目的和要求

一、课程目的

海洋渔业技术实验与实习在课堂讲授基本知识的基础上，通过渔具实验结果的观察与分析、渔具手工艺实践和渔业生产学习，使学生逐步掌握海洋渔业技术的基本知识和操作技能，以提高学生服务渔业生产的能力。

（1）通过学习基本知识，掌握渔具结构、渔具材料、网线、网片、绳索等相关知识，为渔具的设计与制作奠定理论基础。

（2）通过渔具相关实验，掌握渔具相关材料性能测定的方法，理解渔具材料的特性，为渔具的设计与制作奠定实验基础。

（3）通过渔具手工艺实践，掌握网片的手工编结、绳索打结、网片剪裁、网片缝合、绳索装配、网衣修补等基本操作技能，为渔具的设计与制作奠定实践基础。

（4）通过渔业生产实习，掌握拖网制作工艺、拖网渔船作业过程和渔获物处理技能，熟悉渔业公司生产流程、管理方法与方式，为将来服务渔业生产奠定实践基础。

（5）通过实验与实习教学，锻炼观察能力、分析能力、动手能力、独立思考和解决问题的能力，培养严肃的科学态度、务实的作风和吃苦耐劳的精神，为进一步学习其他专业课程，以及将来从事渔具设计与开发、渔业生产和渔业管理等工作打下良好的基础。

二、课程要求

（1）实验、实习前必须认真预习相关教材，明确实验、实习内容和要求、基本原理、简要操作步骤和注意事项；同时，还应复习有关理论课程内容，以便提高实验、实习的主动性和效率，进一步巩固有关理论知识。

（2）在实验过程中，应认真仔细地进行操作，观察实验中出现的各种现象，如实地加以记录，并对其原因和意义进行分析与思考；在实践过程中，应认真仔细地进行观察和操作，学习各项操作技能和生产管理经验，并对操作技能进行强化练习。

（3）实验、实习所用器材和工具要摆放整齐，布局合理，便于操作；要保持室内卫生，随时清除污物；实验台上不得摆放与实验无关的物品；爱护仪器，注意节约使用各种实验、实习材料；公用物品在使用后放回原处，以免影响他人使用；保持室内安静，不得嬉笑打闹和高声谈话，以免影响他人实验、实习；遵守实验室和实习场地规则，注意实验、实习小组的团结、配合和分工协作。

（4）实验、实习结束时，应将相关设备整理就绪，放回原处。实验、实习设备若有损坏和缺少，应立即报告指导教师；做好实验室和实习场地的清洁卫生工作；整理实验、实习记录，认真书写并及时上交实验、实习报告。

课程安全须知

一、水电事故应急处理方案

（1）溢水事故应急处理方案：立即关闭水阀，切断溢水区域电源，组织人员清除地面积水，移动浸泡物资，尽量减少损失。

（2）触电事故应急处理方案：立即切断电源或拔下电源插头。若来不及切断电源，可用绝缘物挑开电线。在未切断电源之前，切不可用手去拉触电者，也不可用金属或潮湿的东西挑电线。触电者脱离电源后，使其就地仰面躺平，禁止摇动其头部。检查触电者的呼吸和心跳情况，呼吸停止或心脏停搏时应立即施行人工呼吸或心脏按压，并尽快联系医疗部门救治。

二、火灾爆炸事故应急处理方案

（1）确定事故发生的位置，明确事故周围环境，判断是否有重大危险源分布及是否会引起次生灾难。

（2）依据可能发生的事故危害程度，划定危险区域，对事故现场周边区域进行隔离和人员疏导。

（3）如需要进行人员撤离、物资抢救，要按照"先人员、后物资，先重点、后一般"的原则。

（4）根据引发火情的原因，明确救灾的基本方法，采取相应措施，并采用适当的消防器材进行扑救。

木材、布料、纸张、橡胶以及塑料等固体可燃材料的火灾，可采用水冷却法；对珍贵图书、档案，应使用二氧化碳、卤代烷、干粉灭火剂灭火。

易燃可燃液体、易燃气体和油脂类等化学药品的火灾，使用大剂量泡沫灭火剂、干粉灭火剂扑灭。

设备火灾，应切断电源再灭火。出于现场情况及其他原因不能断电，需要带电灭火时，应使用干粉灭火器，不能使用泡沫灭火器或水。

可燃金属如镁、钠、钾及其合金等的火灾，应用特殊的灭火剂，如干砂或干粉灭火器等来扑灭。

（5）视火情拨打"119"报警求救，并到明显位置引导消防车。有人员受伤时，立即向医疗部门报告，请求支援。

三、机械伤害事故应急处理方案

（1）立即关闭机械设备，停止现场作业活动。

（2）如遇到人员被机械、墙壁等设备、设施卡住的情况，可直接拨打"119"，由消防队来实施解救行动。

（3）将伤员放置在平坦的地方，实施现场紧急救护。轻伤员送医务室治疗处理后再送医院检查；重伤员和危重伤员应立即拨打"120"急救电话送医院抢救。若出现断肢、断指等，应立即用冰块等封存断肢、断指，与伤者一起送至医院。

（4）查看周边其他设施，防止机械破坏造成的漏电、高空跌落、爆炸现象，防止事故进一步蔓延。

实验报告撰写

实验报告的撰写是实验课的基本训练之一，应以科学态度，认真、严肃地对待，以便为今后撰写科研论文打下良好基础。

一、传统实验报告

（1）实验结束后，根据实验指导教师的要求，每人写一份实验报告（必须本人独立完成，否则应重写），按时完成，及时交指导教师评阅。

（2）实验报告要文字简练、语句通顺，书写清楚、整洁，正确使用标点符号。

（3）实验报告的格式与内容：

1）姓名、年级、专业、组别、日期。

2）科目、实验序号和题目。

3）实验目的。

4）实验材料。

5）实验仪器设备和用品。

6）实验方法：应根据指导教师的要求书写，重复使用的方法可以简要说明。

7）实验结果：实验结果是实验报告的重要组成部分，应如实地、正确地记录和说明实验过程中所观察到的现象。对于定量实验的实验结果部分，应根据实验课的要求将一定实验条件下获得的实验结果和数据进行整理、归纳、分析和对比，尽量以图、表的形式呈现。例如，应有原始数据及对其处理而成的表格、标准曲线图等，并针对实验结果进行必要的说明和分析。

8）讨论与结论：讨论主要是根据所学到的理论知识，对实验结果进行科学的分析和解释，如实验的误差来源、实验方法的改进措施等，并判断实验结果是否符合预期；如果出现非预期实验结果，应分析其可能的原因。结论是从实验结果和讨论中归纳出的一般性的判断，是这一实验所验证的基本概念、原理或理论的简要说明和总结。结论的撰写应该简明扼要。

二、无纸化实验报告

在实验前建立自己的文件夹并填写实验信息表，实验结束时将实验项目、步骤、结果、分析和讨论以及记录的其他内容存入其中。指导教师根据实验报告、操作过程等综合评定成绩。

实习报告撰写

实习报告的撰写是实习课的基本训练之一，应以科学态度，认真、严肃地对待。

一、传统实习报告

（1）实习结束后，须根据实习指导教师的要求，按照实习报告的形式，每人写一份实习报告（必须本人独立完成，否则应重写），按时完成，及时交指导老师评阅。

（2）实习报告要文字简练、语句通顺，书写清楚、整洁，正确使用标点符号。

（3）实习报告的格式与内容：

1）姓名、专业、组别、日期。

2）实习教学基本概况：实习名称、课程编号、实习起止时间、实习指导教师等。

3）实习教学内容：实习目的和要求、实习主要内容、实习总结。

应参考实习目的和实习的具体要求，结合实际实习安排撰写实习主要内容，切勿停留在表面，切勿记述流水账。在实习总结部分，应系统、深入地谈一谈自己此次实习的感受和体会及其他相关内容。例如，结合本次实习过程、我国渔业技术和渔业资源的现状等，谈一谈自己对未来渔业发展趋势的看法与认识，如何结合本专业所学知识，规划自己的学习和工作，以后服务渔业现代化。

　　实习教学内容是实习报告的核心部分，可以帮助学生提高独立思考和分析问题的能力。学生不应该照搬书本内容，而应当提出自己创新性的见解和认识，但这些见解和认识必须是严肃认真和有科学依据的。

　　4）实习鉴定：主要为指导教师鉴定。

　　5）院系鉴定：主要为本专业负责人鉴定。

二、无纸化实习报告

　　将实习报告电子版上交实习指导教师。实习指导教师根据实习报告、操作过程等综合评定成绩。

教学纪律

（1）遵守学习纪律，准时上、下课，实验、实习期间不得借故外出或早退。有特殊情况应向指导教师请假。

（2）实验、实习时自觉遵守课堂纪律，保持室内安静。严格遵守实验室、实习场地的各项规章制度和操作规程，不得进行与实验或实习内容无关的活动。独立或分组合作完成实验、实习操作。

（3）严格按照教师的指导进行实验、实习，不动用与本实验、实习无关的仪器设备和物品，不得擅自将实验室、实习场地的任何物品带出实验室、实习场地。

（4）实验所得到的数据和实验记录必须经过指导教师审核。经指导教师认可后，方可结束实验，并整理实验台。

（5）实验、实习态度认真，自己积极动作操作，如实记录实验数据，完成实习任务。按照规范认真书写并按时完成实验报告、实习报告，在规定的时间内将报告交给指导教师。

（6）注意人身安全，进行水槽实验时要多人同时在场，并须有教师的指导。

（7）实验、实习结束要及时将使用的仪器和其他物品整理归位，清理实验室、实习场地台面、地面、水槽，保持实验室、实习场地的整洁。

（8）实验、实习结束，关闭操作台以及相关设备的电源、水源后，方可离开实验室、实习场地。

（9）未参加实验、实习，或不交实验报告及实习报告，经更正仍不合格者，不得参加本课程的考核。

第二部分

渔具基本知识篇

渔具分类

渔具结构

渔具材料

网　　线

网　　片

绳　　索

渔具分类

根据《渔具基本术语》（SC/T 4001—2021），渔具的定义为"海洋和内陆水域中，直接捕捞、养殖水生经济动物的工具"。

《渔具分类、命名及代号》（GB/T 5147—2003）规定了渔具分类的原则，渔具的分类、命名及代号。

一、渔具分类的原则

渔具按捕捞原理、渔具结构特征和作业方式分为"类""型""式"3级。

（1）类：凡捕捞原理相同的渔具属同一类。

（2）型：在同类渔具中，凡结构不同的渔具应划为不同的"型"。

（3）式：在同类、同型的渔具中，凡作业方式不同的渔具应定为不同的"式"。

二、渔具的分类名称及代号

渔具的分类名称及代号均按"式""型""类"的顺序排列书写，即"式"+"型"+"类"=渔具分类名称和代号。各代号之间应加圆点（·）分开。

类、型、式的具体名称及代号参见《渔具分类、命名及代号》（GB/T 5147—2003）。

三、渔具的分类

按照渔具"类"的划分原则，我国渔具可分为刺网、围网、拖网、地拉网、张网、敷网、抄网、掩罩类、陷阱类、钓渔具、耙刺类、笼壶、网箱和围栏14类，并参照《渔具基本术语》（SC/T 4001—2021）对渔具进行定义，见表2-1-1。

表2-1-1　渔具分类及其定义

序号	第一级："类"		第二级："型"	
	名称	定义	名称	定义
1	刺网 gillnet	由网片和绳索等构成的，以网目刺挂或缠络捕捞对象的长带形网具	定置刺网 set gillnet（fixed gillnet）	用桩、锚等固定敷设的刺网
			漂流刺网 （流刺网、流网） driftnet	随水流漂移作业的刺网
			包围刺网（围刺网） surrounding gillnet （encircling gillnet）	以包围方式作业的刺网
			拖曳刺网（拖刺网） dragging gillnet	以拖曳方式作业的刺网
			单片刺网 single panel gillnet	由单片网衣和上、下纲构成的刺网
			无下纲刺网 driftnet without foot line	网衣下缘不装纲索的刺网
			三重刺网 trammel net	由两片大网目网衣夹一片小网目网衣组成的刺网
			框格刺网（框刺网） frame gillnet	由绳框和主网衣构成的刺网
			混合刺网 （combined gillnet）	由两种以上结构形式网衣组成的刺网

续表

序号	第一级："类"		第二级："型"	
	名称	定义	名称	定义
2	围网 surrounding net	利用长带形或一囊两翼的网具包围鱼群，迫使鱼群进入网囊或者取鱼部，实现捕捞目的的渔具	光诱围网（灯光围网）light-purse seine	用灯光诱集捕捞对象后进行包围作业的围网
			无囊围网 surrounding net without bag	由取鱼部和网翼组成的围网，分为有环围网和无环围网
			有囊围网 bag seine	由一个网囊和两个网翼组成的围网
3	拖网 trawl	通过渔船拖曳作业，迫使捕捞对象进入网囊的网具	两片式拖网 two-panel trawl	网身由背、腹两部分网衣构成的拖网
			多片式拖网 multi-panel trawl	网身由背网、腹网、侧网等网衣构成的拖网，例如四片式拖网、六片式拖网等
			网板拖网 otter trawl	利用网板使网口保持水平扩张的拖网
			桁杆拖网（桁拖网）beam trawl	利用桁杆使网口获得横向扩张的拖网
			底层拖网（底拖网）bottom trawl	网具下方结构接触水域底部作业的拖网
			表层拖网（浮拖网）floating trawl	网具上方结构贴近水面作业的拖网
			中层拖网（变水层拖网）min-water trawl（pelagic trawl）	在水域底层和表层之间作业的拖网
			单船拖网（单拖网）single boat trawl	使用一艘渔船拖曳的拖网
			双船拖网（对拖网）pair trawl	两艘渔船拖同一项网具，以两船间距获得网口横向扩张的拖网。

续表

序号	第一级："类"		第二级："型"	
	名称	定义	名称	定义
3	拖网 trawl	通过渔船拖曳作业，迫使捕捞对象进入网囊的网具	臂架拖网 （双支架拖网） boom trawl	在渔船左右船舷各伸出一根撑杆，在撑杆上对称拖曳一顶或多顶拖网
			双联拖网 twin trawl	由并联的两顶网具构成的拖网
			绳索拖网 rope trawl	网袖、网盖和网身前部采用绳索结成几米至几十米网目，或用几根纵向的绳索替代网衣构成的拖网
			圆锥式拖网 coned trawl	直接织成圆筒或由1片网片缝筒再多片串联构成的拖网
4	地拉网 beach seine	在近岸水域或冰下放网，并在岸、滩或冰上曳行起网的网具		
5	张网 swing net (stow net)	定置在水域中，利用水流迫使捕捞对象进入网囊的网具	框架张网 frame swing net （frame stow net）	网口装有框架的张网
			桁杆张网 beam stow net	网口上、下各有桁杆装置的张网
			竖杆张网 two-stick stow net	网口左、右各有竖杆装置的张网
			张纲张网 canvas stow net	由纲索和柔性材料扩张网口的张网
6	敷网 lift net		舷提网 stick-held lift net	利用灯光诱集捕捞对象（如秋刀鱼等），在船舷起放网的专用敷网

序号	第一级："类"		第二级："型"	
	名称	定义	名称	定义
6	敷网 lift net	预先敷设在水域中，等待、诱集或驱赶捕捞对象进入网内，然后提出水面捞取渔获物的网具	板罾 stationary lift net	由一片方形网衣，其4个角分别扎在4根竹竿头上而构成的小型敷网
			灯光敷网 Light lift net	预先敷设箕状网具并使用灯光诱集捕捞对象实现捕捞目的的敷网
7	抄网 dip net （scoop net）	由网囊（兜）、撑架和手柄组成，以舀取方式作业的网具		
8	掩罩类 falling gear	由上而下扣罩捕捞对象的渔具	掩网 cast net	作业时将网具网衣撒开，由水面向下罩捕鱼类的渔具
			灯光罩网 light falling net	利用灯光诱集捕捞对象，使用支架和罩网进行罩捕作业的渔具
9	陷阱类 traps	设置适宜形状拦截或诱导捕捞对象陷入的渔具	插网 stick net	由带形网衣、网囊和插杆等构成，用插杆定置在有潮差的浅滩上，以拦截捕捞对象的方式进行作业的网具
			建网 pound net	由网墙、网圈、取鱼部和浮子、沉子等构成，设置在捕捞对象的通道上，并使其陷入的渔具
			箔筌（簖） weir	插在河流中拦捕鱼蟹的苇栅或竹栅的陷阱类渔具
			跳网 jumper net（aerial trap）	由拦网和接网两部分组成，捕捞跳越拦网而落入接网的陷阱类渔具

序号	第一级："类"		第二级："型"	
	名称	定义	名称	定义
9	陷阱类 traps		迷魂阵 maze	用竹篾或木条等编结成迷宫状的箔帘，敷设在潮差较大的水域，拦截和诱导鱼类，使其易进难出的陷阱类渔具
10	钓渔具（钓具） hook and line	用线连接钩、卡或钓饵构成，进行诱捕作业的渔具	手钓 hand line	用手直接悬垂钓线作业的钓具
			竿钓 pole line	用钓竿悬垂钓线作业的钓具
			曳绳钓（拖钓） troll line	以拖曳方式作业的钓具
			延绳钓 longline	由干线（绳）和支线（绳）连接钩、卡或钓饵组成的钓具，分为漂流延绳钓和定置延绳钓
			卡钓 gorge line	由钓线和弹卡组成的钓具
			机钓 mechanized line	使用机械设备作业的钓具，如鱿钓。
11	耙刺类 rakes and pricks	具有耙挖、突刺性能的渔具	滚钩 jig	由干线（绳）和较密的支线连接锐钩组成，进行刺捕作业的渔具
			鱼叉 Spear（harpoon）	由叉刺、叉柄等部分组成，进行刺捕作业的渔具
			齿耙 rake	由耙齿、耙柄等部分组成，进行耙刺作业的渔具
			耙网 dredge	利用耙架上的齿、钩等，将海底动物翻起进行捕捞的渔具

序号	第一级："类"		第二级："型"	
	名称	定义	名称	定义
12	笼壶 baskets and pots	利用笼壶状器具，进行诱捕作业的渔具	鱼笼 fishing pot	由竹篾或其他材料制成笼状的器具（入口处常有倒须），用于诱捕有钻穴习性的捕捞对象或养殖鱼类的渔具
			蟹笼 crab pot	由框架和外罩网等材料制成，用于诱捕有钻穴习性蟹类的笼状渔具
			扇贝笼 Scallop cage	以网片和塑料盘等材料制作，用于养殖扇贝，并以塑料盘分层的笼具
13	网箱 cage	用适宜材料制成的箱状水产生物养殖设施	淡水网箱 fresh water cage	放置在淡水水域的网箱
			普通海水网箱（传统近海网箱） traditional sea cage	放置在沿海近岸、内湾或岛屿附近，水深在15 m以下的中小型网箱
			深水网箱 offshore cage（deep water cage）	放置在开放性水域，水深在15 m以上的大型网箱
			深远海网箱 deep-sea cage	放置在低潮位水深超过15 m且有较大浪流开放性水域、在离岸3海里外岛礁水域或养殖水体不小于10000 m^3的海水网箱
			塑胶渔排 plastic fishing raft	用塑胶材料制作浮式框架并配备网衣，且以网格状布设于水面的水产养殖设施
14	围栏（网围、网栏） enclosure（net enclosure）	在湖泊、水库、浅海等水域中，用网围拦出一定水面养殖水生经济动植物的增养殖设施		

渔具结构

依据《渔具基本术语》（SC/T 4001—2021），渔具结构分为网具部件、网衣（片）、纲索、钓钩、钓线（绳）、钓竿和属具7个部分。

一、网具部件

（1）网袖（翼）：位于拖网或张网网口的两侧、围网网囊及取鱼部的一侧或两侧，拦截和引导捕捞对象进入网内的部件。

（2）网盖：位于拖网网口的上前方或网箱箱口上方，防止捕捞或养殖对象向上逃逸的部件。

（3）网身：位于网口与网囊之间，引导捕捞对象进入网囊的网具部件。

（4）网囊：网具尾部用于集中渔获物的袋形部件。

（5）囊头网：拖网网身后部、网目最为闭合的部分。

（6）取鱼部：无囊网具最后集中渔获物的部件。

（7）网墙：位于插网中或建网网门前方，阻拦捕捞对象外逃并导入网内的部件。

（8）网圈：集中捕捞对象的部件，处于建网或插网的网墙一侧或两侧，围成圈状。

（9）网口：拖网等过滤性渔具网身前缘围成的开口。

（10）网坡：位于建网网圈内或网口前方，形成斜坡状并用于引导捕捞对象向上进入网内的部件。

（11）网底：防止捕捞或养殖对象的向下逃逸的部件。

（12）集鱼箱：在建网等渔具中，由网圈、网底等组成，用于集中捕捞对象的箱形部件。

二、网衣（片）

（1）身网衣：网具系统中，位于网身部位的网衣。根据部位不同，可分为背网衣（网身上部）、腹网衣（网身下部）和侧网衣（网身侧部）。

（2）防擦网衣：紧贴拖网网囊外围装配，防止网囊与海底直接摩擦的网衣。

（3）缘网衣：为加强网衣边缘强度而采用的粗线或双线编结的网衣。

（4）漏斗网衣：网身内，防止已入网的捕捞对象逃逸的漏斗状网衣，又称倒须。

（5）舌网衣：网身内，防止已入网的捕捞对象逃逸的舌状网衣。

（6）三角网衣：为缓解相邻网衣边缘斜率差异、方便纲索安装而设置的三角形或近似三角形网衣。

（7）导向网衣：引导或改变捕捞对象运动方向或游泳路线的网衣。

三、纲索

纲索是装配在渔具上绳索的统称，依据位置和功能不同，分为上纲、下纲、浮子纲和沉子纲等。

（1）上纲：位于网衣或网口上方边缘，承受网具主要作用力的纲索。

（2）下纲：位于网衣或网口下方边缘，承受网具主要作用力的纲索。

（3）浮子纲（浮纲）：网衣上方边缘或网具上方装有浮子的纲索。

（4）沉子纲（沉纲）：网衣下方边缘或网具下方装有沉子，或者本身具有沉子作用的纲索。

（5）空纲：拖网袖端上、下纲延伸的纲索的统称。空纲分为上空纲和下空纲。上空纲为拖网袖端上纲延伸的纲索；下空纲为拖网袖端下纲延伸的纲索。

（6）网袖（翼）端纲：网袖（翼）前端，增加网衣边缘强度的纲索。

（7）叉纲：连接网具或网具部件时使用、由一根纲索对折或由两根纲索一端相接而成的"V"字形纲索。根据位置不同，叉纲分为上叉纲和下叉纲。上叉纲为网具或网具部件中，位置在上的叉纲；下叉纲为网具或网具部件中，位置在下的叉纲。

（8）缘纲：用于增加网衣边缘强度的纲索的统称。

（9）力纲：为加强网衣中间或其缝合处承受作用力和避免网衣破裂处扩大的纲索。

（10）囊底纲：网囊末端限定囊口大小和增强边缘强度的纲索。

（11）囊底束纲：圈套在拖网网囊外围，起网时束紧网囊或分隔渔获物，便于起吊操作的纲索。

（12）引扬纲：通常装在网具袖端与网囊间，起网时牵引网具的纲索。

（13）网囊抽口绳：封闭网囊端的绳索（通常用活络扣）。

（14）手纲：网板拖网中，连接网袖和网板的纲索。手纲分为上手纲和下手纲。上手纲为双手纲式中位于上面的一根手纲；下手纲为双手纲式中位于下面的一根手纲。

（15）游纲：网板拖网中，连接曳纲和手纲的纲索。

（16）曳纲：拖曳网具的纲索。

（17）带网纲：刺网、张网作业时，连接网具和渔船的纲索。

（18）侧纲：装在网具侧缘的纲索。

（19）浮标绳：连接浮标和渔具的绳索。

（20）底环绳：有环围网中，底环和下纲连接的绳索。

（21）网头绳：单船围网作业时，连接围网翼端和带网船（或带网浮标）的绳索。

（22）跑纲：单船围网作业时，连接围网翼端和放网船的纲索。

（23）括纲：有环围网中，穿过底环，起网时收拢网具底部的纲索。

（24）网口纲：装在网口上，限定网口大小和加强边缘强度的纲索。

（25）锚（桩）纲：连接锚（桩）和渔具的纲索。

四、钓钩

钓钩通常由钩轴、钩尖等部分组成，是用以钓获捕捞对象的金属制品，可分为复钩、倒刺钩、无倒刺钩等。

（1）复钩：一轴多钩或多枚单钩集合组成的钓钩。

（2）倒刺钩：钩尖带有倒刺的钓钩。

（3）无倒刺钩：钩尖没有倒刺的钓钩。

（4）铅头钩：钩柄处带有加重铅块的钓钩。

（5）曲柄钩：钩柄为弯曲开关的钓钩。

（6）串钩：一条主线上间隔一定距离有多个钓钩栓结成的钓钩。

（7）爆炸钩：由4枚~12枚钓钩并列组合而成的钓钩。

（8）J型钩：钓钩呈J型的传统钓钩。

（9）圆形钩：漂流延绳钓中设计用于释放海龟等海洋动物的圆形钓钩。

（10）鱿鱼钓钩：用于钓捕鱿鱼的具有针伞结构的钓钩。

五、钓线（绳）

钓线（绳）是直接或间接连接钓钩（钓饵）的丝、线（包括金属丝和金属链的制品）或细绳等的统称。

（1）钩线：由紧坚固的材料（通常为金属丝或金属链）制成，紧连钓钩的一段钓线。

（2）干线（绳）：钓线的支干结构中，连接支线（绳），承受钓具主要作用力的钓线（绳）。

（3）支线（绳）：钓线的支干结构中，连接钓钩或钓饵的钓线（绳）。

六、钓竿

钓竿是垂钓时连接钓线的杆状物，通常由坚韧富有弹性的材料制成。

干线（绳）：钓线的支干结构中，连接支线（绳），承受钓具主要作用力的钓线（绳）。

七、属具

属具是在渔具中起辅助作用的部件统称。在捕捞渔具或网箱箱体的网衣系统中，除网衣、纲索、钓钩、钓线和钓竿外，在网具中起辅助作用的部件统称都为属具。

（1）滚轮：在拖网中，起沉子作用并具有滚动特性的轮子。

（2）底环：在围网中，供括纲穿过的金属圆环。

（3）竖杆：拖网袖端，张网网口两侧，支撑其网具纵向高度的杆状物。

（4）桁杆：拖网、张网的网口部位，固定网口横向阔度的杆状物。

（5）框架：网具中，撑开和固定网口的框形构件。

（6）网板：利用水动压力，使网具获得扩张的构件。

（7）椗：固定渔具的木制锚状物。

（8）人工集鱼装置：用于诱集金枪鱼等中上层鱼类的装置。

（9）吸鱼泵：以水或空气为介质吸送鱼类的专用泵，又称鱼泵。钓竿：垂钓时用于连接钓线的杆状物，通常由坚韧且富有弹性的材料制成。

（10）兼捕减少装置：用于释放或减少兼捕的特殊结构或装置，如专门用于释放海龟等大型海洋动物的海龟释放装置。

（11）浮子：在水中具有浮力或在运动中能产生升力，且形状和结构适合于装配在渔具有的属具。

（12）沉子：在水中具有沉降力或在运动中能产生沉力，且形状和结构适合于装配在渔具有的属具。

渔具材料

《渔具材料基本术语》（SC/T 5001—2014）规定了渔具材料及其有关性能与测试、外观疵点的基本术语。

渔具材料是指直接用来装配成渔具的材料，主要包括网线、网片、绳索、浮子和沉子等。

网材料是指用来制造网渔具、网箱箱体的网线、网片或绳索材料，对网渔具、网箱的质量和性能影响最大。渔用纤维材料是制作网材料的主要原材料，因此以下主要介绍制造网材料所用的纤维材料。

一、渔用纤维材料的分类

渔用纤维材料是指用来制造渔具的纤维材料，是制造网线、网片和绳索的主要基体材料，在渔具制造中占有重要的地位。按原材料来源，渔用纤维可分为渔用天然纤维和渔用化学纤维。

（一）渔用天然纤维

渔用天然纤维是由纤维状天然物质直接分离、精制而成的纤维，包括植物纤维、动物纤维和矿物纤维。

（二）渔用化学纤维

渔用化学纤维是指用天然或人工合成的高分子物质为原料制成的纤维。按原料不同，渔业化学纤维分为渔用人造纤维和渔用合成纤维两大类。

（1）渔用人造纤维：以天然高分子物质为原料，经化学或机械加工制得的渔用化学纤维。

（2）渔用合成纤维：以单体经人工合成获得的聚合物为原料制得的渔用化学纤维。

渔用合成纤维种类繁多，新的品种还在不断出现。目前，渔用合成纤维主要有7种，见表2-3-1。

表2-3-1　渔用合成纤维的主要种类

化学名称	英文名称	缩写	俗称
聚乙烯纤维	polyethylene	PE	乙纶
聚酯纤维	polyester	PES	涤纶
聚酰胺纤维	polyamide	PA	锦纶
聚丙烯纤维	polypropylene	PP	丙纶
聚乙烯醇纤维	polyvinyl alcohol	PVA	维纶
聚氯乙烯纤维	polyvinyl chloride	PVC	氯纶
聚偏二氯乙烯纤维	polyvinylidene chloride	PVD	莎纶

在以上7种渔用合成纤维中，乙纶、锦纶、丙纶和涤纶等在世界渔业中应用非常广泛。维纶、氯纶和莎纶等渔用合成纤维，由于性能较差，在渔业中的应用没有前面几种普遍；它们在20世纪50年代的日本被用来制作绳网，后来由于性能等原因，使用量逐渐减少。

二、渔用合成纤维材料的特性

渔用合成纤维的最大优点是耐腐，即具有抗霉性和抗菌性，特别适合制作渔具。用渔用合成纤维制造的渔具与用渔用天然纤维制造的相比，不需要进行防腐和定期晒干等处理，可节省劳动力和降低成本。渔用合成纤维还具有强度大、弹性好、密度小、吸水率低（有的不吸水）、表面光滑、滤水性好等优点（表2-3-2）。用渔用合成纤维制成的渔具，其渔获率远高于用渔用天然纤维制成的渔具。

但是，现有的渔用合成纤维在应用时也表现出一些缺点，如纤维伸长度大、抱合力差、网结固定性差，必须经过拉伸热定型处理。而且，渔用合成纤维均为高分子化合物，在自然环境中很难降解，渔民遗失和丢弃在水中的渔具和废旧网材料会污染环境。一些渔用合成纤维如乙纶和丙纶的密度均小于水的密度，废弃在水中的绳、网等材料会较长时间漂浮在水中，缠绕过往船只的螺旋桨，从而威胁船舶航行安全。

表2-3-2　5种渔用合成纤维的优劣比较

种类	强度	弹性	吸湿性	耐磨性	耐光性	耐腐蚀性	密度/（g/cm³）
锦纶	高	好	小	最高	差	好	1.04~1.14
涤纶	高	好	很小	高	好	好	1.38
乙纶	高	较差	极小	较高	较差	良好	0.94~0.96
丙纶	较高	差	极小	高	差	良好	0.90~0.91
维纶	较高（干态）		大	高	好	好	1.26~1.30

三、渔用合成纤维材料的应用情况

乙纶因密度小、耐磨性好、断裂强度高，在我国渔业领域中应用范围最广，使用最多，主要用来制作网线、网片和绳索等，广泛应用在张网、拖网、围网以及网箱等。约80%的拖网使用的是乙纶。

丙纶一般用来制作各类绳索，主要应用在养殖网箱上；也可用于编制拖网，但并不常见。

锦纶一般制成单丝与复丝。单丝主要用来编织流刺网网片，也可以直接用作钓线；复丝一般经过捻线，用来制作网片，也可以制作绳索。

涤纶、维纶等可以用来制作绳索。

渔用合成纤维材料在渔业领域中的应用情况见表2-3-3。

表2-3-3　渔用合成纤维材料的应用情况

应用		乙纶单丝			锦纶复丝	锦纶单丝		丙纶单丝或薄膜		维纶长丝或纺织纤维	
		单死结网片	经编网片	捻绳	单死结网片	双死结网片	单丝	捻绳	八股捻绳	捻绳	捻线/混纺线
捕捞	拖网	√	×	√	√	×	×	√	×	×	×
	张网	√	×	√	×	×	×	√	√	×	×
	流刺网	×	×	√	×	√	×	√	×	×	×
	围网	√	×	√	√	×	×	√	×	×	×
	钓具	×	×	×	×	×	√	×	×	√	√
养殖	淡水围养	√	×	√	×	×	×	√	×	×	×
	淡水网箱	√	√	√	×	×	×	√	×	×	×
	海水网箱	√	√	√	×	×	×	√	×	×	×
	紫菜养殖	×	×	√	×	×	×	√	×	√	√
	海带养殖	×	×	√	×	×	×	√	×	√	×
船舶		×	×	√	×	×	×	√	√	×	×

注：√—有应用；×—无应用。

资料来源：菅康康.浅析渔用合成纤维材料现状与问题［J］.农村经济与科技，2017，28
（23）：83-85.

网　线

　　网线是指不经进一步加工就可直接用于编织网片、缝扎网渔具或网箱，并适合于制造渔具或网箱箱体网衣的线型纺织材料。网线又称为渔网线，简称线，是制作渔具或网箱箱体网衣的主要材料。网线应具备下列基本物理和机械性能：一定的粗度，足够的强度，适当的延展性，良好的柔挺性、弹性和结构稳定性，良好的耐腐蚀性和耐老化性，粗细均匀，表面光滑、耐磨，等等。

一、网线的分类

　　网线是最重要的渔用材料之一，在海洋渔业和渔业工程上应用十分广泛。为适应不同需要，网线的捻向、股数、卷装形式、所用纤维材料的组成、纺线用纤维的类别、混合纤维的分布等均可不同，因此，网线的类别繁多，名称各异。

　　网线按捻向不同，可分为S捻线、Z捻线；按股数不同，可分为双股线、三股线和多股线；按卷装形式不同，可分为管线、绞线、饼线和筒子线；按制线用纤维材料的组成不同，可分为纯纺线、混纺线和伴纺线；按纺线纤维的类别，可分为天然纤维网线（如棉线、麻线等）、合成纤维网线（如乙纶线、锦纶线和维纶线）等；按混合纤维的分布，可分为均匀混合线、变化混合线、组合或复合线；按性能和用途不同，可分为普通网线、高性能网线和特种用途网线等；按结构不同，可分为单丝、捻线和编线3类。

在实际生产中，主要按网线的结构对网线进行区分。

（一）单丝

单丝是适合作为一根单纱或网线单独使用，具有足够强力的单根长丝。渔用单丝主要包括乙纶单丝、锦纶单丝和丙纶单丝3种。

（二）捻线

捻线是将线股采用加捻方法制成的网线。捻线按捻合的方式分为单捻线、复捻线和复合捻线等类型。将若干根单纱或单丝并合在一起，经过一次加捻而成的网线称为单捻线；将若干根单纱或单丝加捻成线股，再将数根（一般为3根）线股以与线股相反的捻向加捻而成的网线称为复捻线；将数根（3或4根）复捻线以与其相反的捻向加捻制成的网线称为复合捻线。

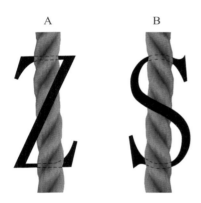

A. Z捻；B. S捻

图2-4-1　捻向

单捻线一般较细而柔软，浸水后不易硬化，但使用中易退捻，结构不稳定。复捻线具有紧密、结构稳定、表面光滑的特征，宜作为各类渔具、网箱箱体网衣用线。复合捻线较粗硬，在渔具中很少使用。

网线是加捻而成的。加捻是将纤维束、长丝或单纱聚集在一起的一种方法。单纱或网线、绳索上捻回的扭转方向称为捻向。捻向可分为Z捻（逆时针捻）和S捻（顺时针捻）两种。捻向从左下角倾向右上角时称为Z捻；捻向从右下角倾向左上角时称为S捻（图2-4-1）。

（三）编线

编线是由若干根偶数线股（如6、8、12、16根）成对或单双股配合，相互交叉穿插编织而成的网线，又称为编织线或编结线（图2-4-2）。

在编线或多股复捻线的中央部位填充的若干根单纱或长丝或线的总称为线芯。编线呈管状，为要求编线横截面呈圆形，有时需加一根较粗的线芯来填满管内腔。加线芯后，编线的质量、强度和成本会增加。渔用编线可根据实际需要选择加线芯还是不加线芯。

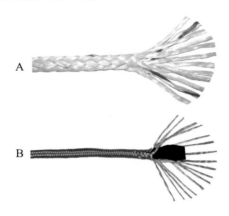

A. 12股编制，穿2股，压2股； B. 16股编制，有线芯，穿2股，压2股

图2-4-2　编线的一般结构

二、线密度

线密度指纤维、单纱每1000 m长度的质量（g），用ρ_x表示，单位为特克斯（特），符号为tex。例如，纤维或单纱长度为1000 m，其质量为1 g，则其线密度ρ_x =1 tex；如果纤维或单纱长度为1000 m，其质量为23 g，则ρ_x=23 tex。tex是国际通用的线密度计量单位。同种材料的单纱其线密度值越大，表示单纱越粗，反之亦然。

还有一种表示线密度的方法：线密度指纤维、单纱、绳纱每9000 m长度的质量（g），单位为旦尼尔（denier，旦），符号为D。例如，纤维或单纱长度为9000 m，其质量为1 g，则其线密度为1 D；如果9000 m长的纤维或单纱质量为210 g，则其线密度为210 D。

1000 m长的网线、绳索的质量（g）称为综合线密度，用ρ_z表示。为与单纱的线密度区别，综合线密度的数值前加字母R。

网线、绳索加捻前各根单纱（或单丝）以及捻缩在内的线密度的总和称为总线密度。

总线密度一般小于综合线密度，这主要是由加捻引起的。

三、网线标记

依据《主要渔具材料命名与标记　网线》（GB/T 3939.1—2004），网线按纤维材料进行分类的原则命名。

（1）当网线由单一纤维材料组成时，在纤维材料的中文名称（俗称）后接"网线"二字作为产品名称。

（2）当网线由两种及两种以上纤维材料组成时，以其主次按序写纤维材料的中文名称后接"网线"二字作为产品名称。

（3）当网线结构为单丝型式时，在纤维材料的中文名称后接"单丝"二字作为产品名称。

（一）单丝标记

单丝标记，应按次序包括4项：① 产品名称；② 单丝的公称直径（mm）；③ 单丝的线密度（tex）；④ 标准号。

单丝按上述要求标记时，在①项与②项之间、③项与④项之间各留一字空位，在②项之前应写上"Φ"，在③项之前应写上"ρ_x"。

例如："渔用锦纶6单丝　Φ0.40ρ_x150　SC/T 5015"表示按《渔用锦纶6单丝试验方法》（SC/T 5015—1989）生产的公称直径为0.40 mm，线密度为150 tex的渔用锦纶6单丝。

（二）捻线标记

捻线标记，应按次序包括下列8项：① 产品名称；② 单丝或单纱的线密度（tex）；③ 初捻后线股的单丝或单纱根数；④ 复捻后复捻线的股数；⑤ 复合捻后复合捻线的股数；⑥ 综合线密度（tex）；⑦ 成品的最终捻向，用"Z"或"S"表示；⑧ 标准号。

捻线按上述要求标记时，在①项与②项、⑦项与⑧项之间各留一字空位；②项线密度数值之前应写上"ρ_x"，②项~⑤项之间用"×"连接；网线若为单捻线则无④项和⑤项，若为复捻线则无⑤项；在⑥项之前应写上

"R"；成品的最终捻向为Z捻时，可省略⑦项。

例如："锦纶渔网线 $\rho_x23\times3R75S$ SC5006"表示按《聚酰胺网线》（SC/T 5006—2014）生产，以3根线密度为23 tex的锦纶复丝一次加捻而成的综合线密度为75 tex、最终捻向为S的单捻线；"锦纶渔网线 $\rho_x23\times6\times3R460$ SC 5006"表示按《聚酰胺网线》（SC/T 5006—2014）生产，以6根线密度为23 tex的锦纶复丝捻成股，再以3股捻成综合线密度为460 tex的捻向为Z的复捻线；"乙纶渔网线 $\rho_x36\times6\times3R2140$ SC 5007"表示按《聚乙烯网线》（SC/T 5007—2011）标准生产，以6根线密度为36 tex的乙纶单丝捻成股，再以3股捻成复捻线，最后以3股复捻线捻成综合线密度为2140 tex的最终捻向为Z的复合捻线。

（三）编线标记

编线标记应按次序包括下列3项：① 产品名称；② 综合线密度（tex）；③ 标准号。

编线按上述要求标记时，①项与②项、②项与③项之间各留一字空位，在②项之前应写上"R"。

网　片

网片是由网线编织成的一定尺寸网目结构的片状编织物，应具有强力高、网结牢度大、网目尺寸均匀一致等性能。

一、网目结构

网目是由网线按设计形状编织成的孔状结构，其形状可为菱形、方形和六边形，是网片的基本组成单元（图2-5-1）。

网目包括目脚和网结（连接点）两部分。一个菱形网目或方形网目一般由4个网结和4根等长的目脚所组成。

A   B   C

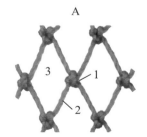 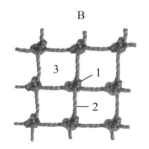 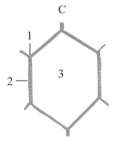

1. 网结；2. 目脚；3. 网目

A. 菱形网目网片；B. 方形网目网片；C. 正六角形网目网片

图2-5-1　不同网目形状的网片

（一）目脚

目脚是网目中相邻两个网结或连接点间的一段网线。目脚决定网目尺寸和网目形状的正确性。菱形网目和方形网目的目脚长度均应一致，以保证网目的正确形状和网片的强度。就六边形网目而言，其中4根目脚一般等长，另2根目脚可以和这4根不等长；当6根目脚都等长时则为正六边形网目。

（二）网结和连接点

网结是有结网片中目脚间的连接结构，简称"结"。连接点是无结网片中目脚间的交叉点。网结和连接点的主要作用是限定网目尺寸和防止网目变形，对网片的使用性能具有重要的意义。网结种类主要有活结、死结和变形结（如双死结、双活结），见图2-5-2。

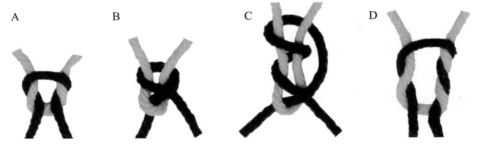

A. 活结；B. 死结；C. 双死结（双穿）；D. 双活结

图2-5-2　网结种类

二、网目尺寸

网目尺寸是指一个网目的伸直长度，用目脚长度、网目长度和网目内径3种尺寸表示。

（一）目脚长度

目脚长度是当目脚充分伸展而不伸长时两个相邻网结或连接点的中心之间的距离，相当于一个目脚和一个网结或连接点的长度之和。目脚长度又称"节"，通常用符号"a"表示，单位为mm（图2-5-3）。

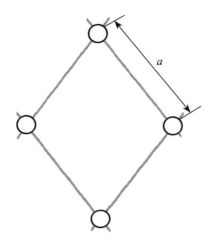

图2-5-3　目脚长度

（二）网目长度

网目长度是指当网目充分拉直而不伸长时，其两个对角结或连接点中心之间距离，简称"目大"，符号为"2a"，单位为mm（图2-5-4）。测量时，可在网片上分段取10个网目拉直测量，然后取平均值。

（三）网目内径

网目内径是指当网目充分拉直而不伸长时，其两个对角结或连接点内缘之间的距离，符号为"M_j"，单位为mm（图2-5-5）。

注意

　　我国在渔具图标记或计算时，习惯用目脚长度和网目长度表示网目尺寸，但对于刺网或在有严格规定的渔场中的捕捞用拖网，其网目尺寸一般用网目内径表示。

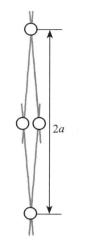
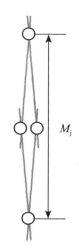

图2-5-4　网目长度　　　　　　　图2-5-5　网目内径

三、网片种类

根据网结有无，网片可分为有结网片和无结网片两大类；根据织网用基体材料的种类，网片可分为乙纶单丝网片、超高分子量乙纶（UHMWPE）复丝网片、锦纶复丝网片、丙纶复丝网片、锦纶单丝网片等；根据织网后网片定型与否，网片可分为定型网片和未定型网片两大类。

（一）有结网片

有结网片是由网线通过做结构成的网片。按网结的类型，有结网片可分为活结网片、死结网片、变形结网片。死结网片和双死结网片是目前网具上较为普遍使用的，可以手工编织，也可以机器编织。

（二）无结网片

无结网片是由网线或网线的线股相互交织而构成的没有网结的网片。按其交织的方式，无结网片可分为经编网片、辫编网片、绞捻网片、平织网片、插捻网片和成型网片等。无结网片一般由机器编织而成。

四、网片方向

网片尺度的方向与结网网线总走向有关，可分为纵向、横向和斜向（图

2-5-6）。

（一）纵向

有结网片的纵向是与结网网线总走向相垂直的方向，无结网片的纵向为网目最长轴方向。纵向可用符号N表示。

（二）横向

有结网片的横向是与结网网线总走向相平行的方向，无结网片的横向为与网片的纵向相垂直的方向。横向可用符号T表示。

（三）斜向

斜向是网片上与目脚相平行的方向，可用符号AB表示。

需要注意的是，无结网片的方向一般也与网线的总走向有关，其网目最长轴方向与网线总走向相平行，但有时网线的总走向不易判断。如果网目的两个轴长相等，则网片的方向就无法确定，这时网目的尺寸可按任一方向来确定。

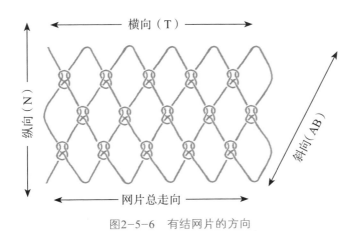

图2-5-6　有结网片的方向

五、网片结构

由于网片本身的结构，编织好网片或剪断网片目脚后，网片边缘或目脚断开处的网目会出现边旁、窬眼、单脚3种基本形式（图2-5-7）。

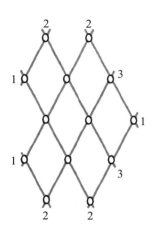

1. 边旁；2. 宕眼；3. 单脚

图2-5-7　网目的3种基本形式

（一）边旁

沿网结外缘剪断纵向相邻两根目脚所组成的结构称为边旁。边旁用符号N表示。边旁的特点是边旁结不能解开，一旦解开，网目结构就会受到破坏。一个边旁在网片的纵向计1目。

（二）宕眼

沿网结外缘剪断横向相邻两根目脚所组成的结构称为宕眼。宕眼用符号T表示。宕眼的特点是宕眼结可以解开，解开之后，网目结构仍然完好无损。一个宕眼在网片的横向计1目。

（三）单脚

沿网结外缘剪断一根目脚所组成的三根目脚和一个网结的结构称为单脚。单脚用符号B表示。单脚的特点是单脚结上有三根目脚是完整的，仅有一根目脚被剪断。单脚也是不可以解开的，一旦解开，网目结构就会受到破坏。一个单脚在网片的纵向和横向都计0.5目（表2-5-1）。

表2-5-1　3种网目基本形式的计数

网目基本形式	网片方向	
	纵向/目	横向/目
N	1	
T		1
B	0.5	0.5

六、网片尺寸

网片尺寸包括网片长度和网片宽度，可用网片纵向、横向网目数或充分拉直而不伸长的长度来表示。

网片长度为网片的纵向（N）尺度，一般用目表示，也可用网片充分拉直而不伸长时的宽度（m）表示。

网片宽度为网片横向（T）尺度，一般用目表示，也可用网片充分拉直而不伸长时的宽度（m）表示。

网片尺寸由网片的宽度与长度的乘积来表示，两个数字之间用"×"连接。例如：横向1000目、纵向100目的网片可表示为"1000T×100N"；横向1000目、纵向5 m的网片可表示为"1000T×5 m"。

七、网片标记

依据《主要渔具材料命名与标记　网片》（GB/T 3939.2—2004）的规定，网片标记应按次序包括下列7项：① 产品名称；② 网线技术特性；③ 双线网片，以乘2表示；④ 网目长度（目大），以毫米值表示；⑤ 网片尺寸，以横向目的数量和纵向目的数量表示；⑥ 网片结构形式，以网片代号表示；⑦ 标准号。

网片按上述方法标记时，①项与②项、⑥项与⑦项之间各留一字空位。

在②项中，单丝有结网片以单丝公称直径（mm）表示，在数值之前写上"Φ"；捻线有结网片以捻线的单丝（单纱）线密度（tex）乘以其总根数表示，在线密度的数值之前写上"ρ_x"；编线有结网片以编线的综合线密度（tex）表示，在数值之前写上"R"；经编、辫编、绞捻网片以目脚的单丝（单纱）线密度（tex）乘以其根数表示，在线密度的数值之前写上"ρ_x"；插捻、平织网片以经、纬纱的线密度（tex）表示，在数值之前写上"ρ_x"。

单线、单丝网片或无结网片无③项。

④项由"—"与前项连接。

在⑤项中，横向目数之前写上"T"，纵向目数之前写上"N"。

对于插捻、平织网片，④项为经纱密度乘以纬纱密度，⑤项以幅宽乘以长（m）表示。

在⑥项中，活结、死结、双死结、经编、辫编、绞捻、插捻、平织、成型网片的代号分别为HJ、SJ、SS、JB、BB、JN、CN、PZ、CX。

例如："渔用乙纶机织网片　单线单死结型　$\rho_x 36 \times 12$—40T400N250SJ GB/T 18673"表示按《渔用机织网片》（GB/T 18673—2008）生产，网线由12根线密度为36 tex的乙纶单丝捻成的复捻线，最终捻向为Z，目大为40 mm，网片尺寸为横向400目、纵向250目的单线单死结型网片。

在产品标志、渔具制图、网片由不同材料组成等场合，全面标记太复杂时，可采用简便标记：①用纤维材料的代号后接"—"表示；①项与②项之间不留空位；当网片由两种或两种以上纤维材料组成时，纤维材料代号之间用"—"连接；在不需要标明网片尺寸时，可省略⑤项。则上述示例可简便标记为"PE—$\rho_x 36 \times 12$—40SJ　SC 5008"。

绳　索

纤维经梳理、并条，或由若干根长丝一次加捻制成的具有一定粗度和强度的粗纱统称为绳纱。绳纱是绳索的基本组成部分。

将若干根绳纱（或单丝、钢丝）并合，加捻或编织在一起而制成的具有一定长度、粗度和强度的半成品统称为绳股。

用天然纤维、合成纤维或钢丝经加捻（或不加捻）制成的，用作绳索中心填料的，具有一定粗度和强度的绳纱或细绳统称为芯子。

由若干根绳纱（或绳股）捻合或编织而成，直径大于4 mm的有芯或无芯的制品统称为绳索。

一、绳索的分类

按结构不同，绳索可分为捻绳和编绳。组成捻绳和编绳的基本单元是绳纱。

（一）捻绳

由绳纱（或钢丝）通过加捻而制成的绳索称为捻绳。捻绳按照捻合的方式又可分为单捻绳、复捻绳和复合捻绳。

由若干根绳纱（或钢丝）经一次加捻制成的绳索称为单捻绳。单捻绳是由绳纱作为单股，再将2个或3个单股以与绳股相反的捻向捻制成的绳索。

由若干根（2根或2根以上）绳纱（或钢丝）加捻制成绳股，再将若干根绳股（大多为3股或4股）以与绳股相反的捻向加捻制成的绳索称为复捻绳。

用3根或3根以上复捻绳为绳股，采用与复捻绳相反的捻向加捻制成的绳索称为复合捻绳，亦称缆绳。

（二）编绳

由若干根绳股采用编织或编绞方式制成的有绳芯或无绳芯的绳索称为编绳。常见编绳有八股编织绳、多股管形（圆形）编织绳等。

二、绳索的标记

依据《主要渔具材料命名与标记　绳索》（GB/T 3939.3—2004）的规定，绳索标记按次序包括下列5项：① 产品名称；② 绳索的结构型式，以代号表示；③ 绳索的公称直径（mm）；④ 捻绳的最终捻向，以"S"或"Z"表示；⑤ 标准号。

绳索按上述标记时，①项与②项、④项与⑤项之间各留一字空位；绳索结构为三股复捻、四股复捻、三股复合捻、八股编绞、无芯编织、有芯编织、单股初捻、六股复捻的代号分别为A、B、C、E、H、K、I、J；对于最终捻向为Z捻的捻绳可省略④项，编绳则无④项。

例如："三股乙纶单丝绳索　A36　GB/T 18674"表示按《渔用绳索通用技术条件》（GB/T 18674—2018）生产，公称直径为36 mm，最终捻向为Z捻，三股复捻的乙纶单丝绳索；"八股聚丙烯单丝绳索　E48　GB/T 8050"表示按《纤维绳索　聚丙烯裂膜、单丝、复丝（PP2）和高强度复丝（PP3）3、4、8、12股绳索》（GB/T 8050—2017）生产，公称直径为48 mm，八股编绞的聚丙烯单丝绳索。

第三部分

渔具实验篇

实验1 渔具材料实验的基本条件与预加张力的测定

实验2 常用渔用合成纤维的鉴别

实验3 渔用网线密度的测定

实验4 网线捻度与捻缩率的测定

实验5 网线直径与线密度的测定

实验6 渔用合成纤维含水率和回潮率的测定

实验7 渔用网线断裂强力与结节断裂强力的测定

实验8 渔用网片性能的测定

实验9 渔用绳索性能的测定

实验10 硬质泡沫塑料浮子的物理与机械性能测定

实验 1

渔具材料实验的基本条件与预加张力的测定

一、实验目的

（1）了解渔具材料实验的标准大气条件与样品调湿时间。

（2）学习调节渔具材料实验样品的干态和湿态。

（3）掌握渔具材料测量预加张力的确定方法。

二、实验原理

渔具材料在空气中吸收或放散水蒸气的能力称为吸湿性。将实验样品放置于一定的大气条件中，使物体分子热运动稳定及吸湿、放湿接近动态平衡状态的过程称为调湿。

渔具材料吸湿多少会影响材料的质量、强力和延展性等物理性能，从而影响其加工工艺和使用性能。所以，在测试渔具材料性能之前，应将样品放在标准大气条件下进行调节，保证实验结果的准确性、可比性及重复性。

测定纤维材料及其制品的物理机械性能时，为使样品均匀伸直（不是伸长）、长度一致，所预加的一定的张力称为预加张力。所有长度或伸长值的测定都必须在规定的预加张力下进行。

有关标准对大气条件、样品调湿时间和预加张力等都有统一的规定。在进行渔具材料性能测试时，要严格按照规定进行。

三、实验操作

（一）标准大气条件

锦纶、维纶等吸湿性渔具材料的实验，所用大气条件应控制在温度20℃±2℃、湿度65%±2%。

乙纶、丙纶和涤纶等非吸湿性渔具材料的实验，所用大气条件应控制在温度20℃±2℃、湿度65%±5%。

渔具材料在规定的大气条件下调节需要一定的时间，在调节若干时间后才能进行实验。一般样品调节时间需要6 h以上。调湿过程不能间断；若被迫间断，必须按规定重新调节。

（二）实验样品状态

在标准大气条件的实验室，将实验样品调节24 h以上，即为样品的干态。

将样品置于20℃±3℃的清水中12 h以上，使其达到充分浸润的状态，取出后甩去表面残留水分，即为样品的湿态。

渔具材料性能测试所用样品必须分别达到干态和湿态的要求。

（三）预加张力

预加张力通常根据实验材料某一长度的自重来确定。

1. 单丝和网线实验的预加张力

测定干态乙纶单丝、锦纶6单丝和渔用网线长度或伸长值时，每根单丝或网线所预加的张力应等于250 m±25 m长的相同材料、相同规格单丝或网线的自重。

2. 有结网片（或网衣）实验的预加张力

在距网片（或网衣）边缘3目以上的任意部位选取网目。

测定有结网片（或网衣）网目尺寸时，每个目脚上所预加的张力应等于250 m±25 m长的相同材料、相同规格网线的自重。

3. 无结网片（或网衣）实验的预加张力

（1）在距网片（或网衣）边缘3目以上的任意部位选取网目。

（2）计算与目脚（或经线/纬线）250 m ± 25 m长的相同材料、相同规格网线的自重。

1000 m长的网线的自重应等于组成目脚（或经线/纬线）的单丝根数乘以单丝的线密度，再乘以（1+10％），所得质量的1/4即250 m长的与目脚（或经线/纬线）相同材料、相同规格网线的自重。

（3）测定无结网片（或网衣）网目尺寸时，每个目脚（或经线/纬线）上所预加的张力应等于（2）中计算出的250 m ± 25 m长的网线的自重。

四、实验报告与思考题

按照有关标准，在标准大气条件下，依据标准长度的相同材料、相同规格的实验材料的自重预加张力，进行单丝、网线和网片的尺寸测定。

实 验 2

常用渔用合成纤维的鉴别

一、实验目的

（1）观察常用渔用合成纤维的形态特征。

（2）掌握浸水法、燃烧法、溶解法等鉴别渔用合成纤维的方法。

二、实验原理

合成纤维是制作丝、线、绳、网等渔用材料的主要原料。渔用材料的性能与纤维的品种及性能密切相关。因此，在渔业生产管理、产品分析设计、来样检测仿制、科学研究及进出口商检中，需要鉴别渔用纤维材料。

渔用合成纤维鉴别的基本原理是采用相应的鉴别方法，将未知纤维的外观形态、理化性质和染色性能等，与每一类渔用合成纤维的对照，从而确定未知纤维的类别。

渔用合成纤维的鉴别步骤一般是先确定大类，再分出品种，最后验证。常用的鉴别方法有外观检验法、浸水法（浮沉法）、燃烧法、溶解法、熔点法、红外光谱法等。

三、实验材料与用品

（一）实验材料

乙纶、涤纶、锦纶、丙纶、维纶、氯纶等及其制品。

（二）实验用品

酒精灯、水箱、镊子、红外光谱仪、秒表等。

四、实验操作

（一）外观检验法

外观检验法是根据样品中的纤维形态来鉴别渔用合成纤维的方法。

6种渔用合成纤维材料的主要外观特征见表3-2-1。

（1）乙纶为白色或翠绿色，表面光滑；纤维一般为单丝状，具有一定的柔挺性。

（2）涤纶外表与锦纶相似，但有时涤纶会被染成红棕色，手感稍比锦纶滑爽，伸长度较小。

（3）锦纶为白色，带有光泽，柔软，表面光滑，弹性好，强力大。

（4）丙纶为白色或深绿色，带有光泽；纤维较粗硬，一般为裂膜纤维。

（5）维纶为白色，其制品表面有茸毛；纤维较柔软，多为短纤维。

（6）氯纶为褐色，带有光泽，表面光滑，强力低，耐磨性差。

表3-2-1　6种渔用合成纤维的外观特征

形态	乙纶	涤纶	锦纶	丙纶	维纶	氯纶
长丝	（√）	√	√	√	√	√
短纤维	×	（√）	√	×	√	√
单丝	√	（√）	√	（√）	（√）	×
裂膜纤维	（√）	×	×	√	×	×

注：√—是；（√）—可能，但不常用；×—否。

资料来源：孙满昌.渔具材料与工艺学［M］.北京：中国农业出版社，2009.

将6种纤维及其制品平铺在实验台上。肉眼仔细观察各种纤维及其制品的色泽、外观形态和纤维形态，并做好记录。用手触摸，比较纤维的柔挺程度。分析6种纤维制品的结构与捻向。

若样品是裂膜纤维，则可初步判别其为丙纶。若样品表面有茸毛或表面毛絮较多，则可判别其为维纶。

（二）浸水法

浸水法又称浮沉法，是利用不同纤维密度的差别，根据其在水中的浮沉情况及沉降速度大致判断纤维类别的方法。渔用合成纤维中，乙纶和丙纶的密度小于1，会浮于水面；其他纤维的密度均大于1，会沉到水底，且涤纶和氯纶的沉降速度较快（表3-2-2）。

表3-2-2　6种渔用合成纤维的密度（25℃±0.5℃）

单位：g/cm³

纤维种类	丙纶	乙纶	锦纶	维纶	涤纶	氯纶
密度	0.91	0.96	1.14	1.24	1.38	1.38

浸水法的具体操作如下：

（1）水箱盛蒸馏水，水深约50 cm。

（2）各样品均取长10~20 cm的一段，打成一个半结，制成试样。

（3）将各试样同时放入水中（开始浸水时，要用手挤掉试样中的气泡，以使试样呈完全浸润状态），观察其浮沉情况。

（4）将沉到水底的试样捞出，再把它们同时放入水中，用秒表测定各试样的沉降时间，再根据水深分别计算其沉降速度。

（5）每种试样重复做5次实验，仔细观察浮沉情况，记录沉降时间，计算出沉降速度的平均值，并记录实验结果。

（三）燃烧法

燃烧法是常用的渔用合成纤维鉴别方法。不同渔用合成纤维的化学组成不同，其燃烧特征也会有差异，利用这一特点可以鉴别渔用合成纤维。

燃烧法根据样品接近火焰、接触火焰和离开火焰时的现象、燃烧产生的气味（烟）和燃烧后的残留物状态来鉴别渔用合成纤维。

样品接近火焰时，观察纤维是否收缩、熔融。纤维素纤维不收缩、不熔融；毛、丝等天然蛋白质纤维不熔融，但纤维末端会形成一个中空的不规则球体，看似熔融，实际上是卷缩；合成纤维既收缩又熔融，在火焰中可进一步观察到这种收缩、熔融现象。

样品接触火焰时，观察纤维的燃烧速度，并用鼻嗅纤维燃烧时散发的气味。纤维素纤维迅速燃烧；毛、丝等天然蛋白质纤维与纤维素纤维相比，燃烧速度慢；合成纤维通常先熔融，后燃烧。

样品离开火焰时，观察纤维是否延燃及完全燃烧后的残留物。

纤维素纤维、蛋白质纤维、合成纤维的燃烧特征见表3-2-3。7种渔用合成纤维的燃烧特征见表3-2-4。

表3-2-3　3类纤维的燃烧特征

类别	接近火焰	接触火焰	离开火焰	气味	残留物特征
纤维素纤维	不收缩，不熔融	迅速燃烧	继续燃烧	烧纸味	细腻，灰色
蛋白质纤维	收缩，不熔融	逐渐燃烧	不易延燃	燃毛发的臭味	松脆黑色颗粒或焦炭灰
合成纤维	收缩，熔融	熔融，燃烧	继续燃烧	特殊气味	硬块

表3-2-4　7种渔用合成纤维的燃烧特征

燃烧特征	锦纶	涤纶	乙纶	丙纶	氯纶	维纶	莎纶
接近火焰	收缩，熔融	收缩，熔融	收缩，熔融	收缩，熔融	收缩，熔融	收缩，熔融	收缩，熔融
接触火焰	熔融后燃烧，有白烟，有黄色熔融物滴下	熔融后燃烧，有黑烟，有熔融物滴下	熔融后燃烧，有熔融物滴下	熔融后燃烧，有熔融物滴下	卷缩，熔融后燃烧，有黑烟	卷缩，燃烧迅速	熔融后燃烧

续表

燃烧特征	锦纶	涤纶	乙纶	丙纶	氯纶	维纶	莎纶
离开火焰	燃烧停止，试样一端留有熔珠，热的熔珠可拉成长丝	燃烧停止，试样一端留有熔珠，热的熔珠可拉成长丝	继续迅速燃烧，熔融物不能拉长	继续燃烧，有乳白色熔融物滴下	不燃烧，熔融物不能拉长	继续迅速燃烧，熔融物不能拉长	燃烧立即停止，熔融物可拉成细丝
残留物	玻璃球状，褐色，难碾碎	玻璃球状，褐色，不易碾碎	无熔珠，似石蜡，可碾碎	球状，硬，黄褐色	无熔珠，不规则形状，黑色，硬，易碎	不规则形状，黑褐色，不易碾碎	无熔珠，不规则形状，黑色，易碾碎
燃烧气味	芹菜味或臭鱼味	煤烟味，似蜂蜡味，有芳香	石蜡味	石蜡味	刺鼻的甜酸味	刺鼻的甜味或氯气味	刺鼻的辛辣味

燃烧法的具体操作如下：

（1）各样品均取约25 cm长作为试样，标序号。

（2）点燃酒精灯，用镊子夹持一份试样，令其慢慢接近火焰，然后接触火焰，仔细观察其状态变化，并凭嗅觉辨别气味。

（3）用镊子夹持试样慢慢离开火焰，仔细观察其燃烧状态。

（4）每种试样均按上述步骤（2）（3）重复3次，及时做好实验记录，并与表3-2-4对照。

锦纶燃烧

涤纶燃烧

乙纶燃烧

丙纶燃烧

维纶燃烧

（四）溶解法

溶解法利用渔用合成纤维在不同化学试剂中、不同温度下的溶解特性（表3-2-5）来鉴别纤维。

表3-2-5 各种渔用合成纤维的溶解特性

纤维种类	硫酸（95%~98%*）		硫酸（70%*）		丙酮（99.5%*）		乙酸（99%*）		盐酸（36%~38%*）		盐酸（15%*）	
	常温	煮沸	常温	煮沸	常温	煮沸	常温	煮沸	常温	煮沸	常温	煮沸
涤纶	S_0		I	I	I	I	I	I		I	I	I
乙纶	I	B	I	B	I	I	I	I		I	I	I
丙纶	I	B	I	B	I	I	I	I		I	I	I
维纶	S	S_0	S	S_0	I	I	I	I	S_0		I	S
氯纶	I	I	I	I	I	P	I	I			I	I
莎纶	I	I	I	I	I	I	I	I			I	I

纤维种类	硝酸（65%~68%*）		氢氧化钠（30%※）		氢氧化钠（5%※）		四氯化碳		N-甲基甲酰胺（99%*）		m-甲酚（间甲酚）	
	常温	煮沸	常温	煮沸	常温	煮沸	常温	煮沸	常温	煮沸	常温	煮沸
涤纶	I	I	I	P	I	I	I	I	I	S或P	I	S0
乙纶	I	B	I	I	I	I	I	I	I	I	I	B
丙纶	I	I	I	I	I	I	I	P	I	I	I	I
维纶	S_0		I	I	I	I	I	P	S_0		P	S_0
氯纶	I	I	I	I	I	P	I	I	S_0		P	S_0
莎纶	I	I	I	I	I	I	I	I	I	S0	I	P

注：*—体积分数；※—质量分数；S_0—立即溶解；I—不溶解；B—块状；S—溶解；P—部分溶解。溶解时间以常温（24~30℃）5 min、煮沸3 min为准。

溶解法的具体操作如下：

（1）各样品均取100 mg试样，分别置于25 mL烧杯中，做好标记。

（2）注入10 mL溶剂（或根据试样的质量，按相同比例确定溶剂用量），在常温下，用玻璃棒搅动5 min，仔细观察试样的溶解情况，记录观察结果，并与表3-2-5对照。

（3）常温下，若试样难以溶解，需将溶剂加温至沸腾，用玻璃棒慢慢搅动3 min，仔细观察试样溶解情况，记录观察结果，并与表3-2-5对照。

通过溶解法可区分大多数渔用合成纤维，但不能区分乙纶和丙纶；鉴别乙纶和丙纶最可靠的方法是熔点法和红外光谱法。

（五）熔点法

不同种类的纤维具有不同的熔点，因此可通过熔点法来鉴别纤维的种类。熔点法主要用来鉴别乙纶和丙纶，但该实验需要使用专门的设备，且这种设备比较复杂，故一般较少采用熔点法。

（六）红外光谱法

红外光谱法是应用红外光谱仪来鉴别合成纤维的方法。将样品的红外光谱图与各类合成纤维的红外光谱图对比，就能鉴别样品是哪种合成纤维。

五、实验报告与思考题

（1）用表格形式记录样品的外观检验结果，包括样品的色泽、外观形态、纤维形态、柔挺性、制品结构与捻向等。

（2）用表格形式记录浸水实验结果，包括样品的浮沉情况、沉降时间等，并计算出样品的沉降速度。

（3）把燃烧实验结果与表3-2-4对照，列出锦纶、涤纶、维纶3类渔用合成纤维的主要燃烧特征，如在火焰中和离开火焰燃烧的形态、烟色、烟味、灰烬颜色等。

（4）现有锦纶、涤纶、乙纶、丙纶、维纶、棉线等纤维混在一起，如何鉴别它们？

实 验 3

渔用网线密度的测定

一、实验目的

（1）学习用液体置换法测定渔用网线的密度。

（2）了解渔用网线材料的密度与沉降性能的关系。

二、实验材料与用品

（一）实验材料

锦纶或涤纶网线约25 g。

（二）实验用品

天平、500 mL烧杯、剪刀等。

三、实验原理

密度是指一个量分布在空间、面上或线上时，各微小部分所包含的量对其体积、面积或长度之比。渔用合成纤维（网线）的密度是指单位体积纤维（网线）的质量，单位为g/cm³。不同纤维的内部结晶度不同，纤维密度也不同。纤维密度的测定可以提供纤维的基本物理性质、均匀程度以及材料种类等信息，为评定纤维的品质提供参考，为纤维鉴别提供依据，对于测定纤维的性能和结构具有重要意义。

渔用网线密度越低，在水中的浮力就越大。例如，乙纶和丙纶网线密度小于水的密度，则漂浮在水面。网衣在水中的沉降速度随网线密度的增加而增加。沉降速度对某些渔具来说是一项重要的指标，例如，围网要采用密度大的网线材料。

渔用网线密度可用密度梯度法、液体置换法、浮沉法等测定。液体置换法又称液体浮力法，是现阶段测定渔用网线密度较为常用的方法。其原理是将结状纤维在常态下称重（m_0），然后将其完全浸没在已知密度小于纤维密度的液体中，再次称重（m_1），求出纤维在该液体中的浮力，从而推导出纤维的体积，得出纤维的密度。其计算公式为

$$\rho = \frac{m_0 \times \rho_w}{m_0 - m_1} \qquad (3-3-1)$$

式中：ρ 为渔为用网线密度（g/cm^3）；ρ_w 为液体密度（g/cm^3），在20℃的测试环境下为1.00 g/cm^3；m_0 为试样在空气中的干重（g）；m_1 为试样完全浸没于液体中测得的质量（g）。

四、实验操作

（1）制样：取渔用网线试样约5 g，用石油醚清洗后，置于烘箱中烘燥1.5 h，将其卷曲成团状后挂置于细丝上，称其干重（m_0）；

（2）脱泡：将团状试样置于小试管中，倒入蒸馏水没过试样，高速离心20 min后，煮沸；

（3）称量：将小试管缓缓沉入装满蒸馏水的水槽中，小心拖出团状试样，使其在水槽中保持悬浮状态，称此时试样的质量（m_1）；

（4）用同样方法重复实验3次。

五、实验报告与思考题

（1）将 m_0、m_1 分别代入式（3-3-1），计算出渔用网线密度。

（2）用表格形式记录3次实验的结果，计算渔用网线密度的算术平均数。

（3）相同质量的渔用网线材料，其体积、直径与密度有何关系？

（4）渔用网线密度对其沉降性能有何影响？

（5）你所测得的渔用网线密度数值与标准值比较，误差为多少？误差产生的原因可能有哪些？

实 验 4

网线捻度与捻缩率的测定

一、实验目的

（1）学习网线捻度和捻缩率的测定方法。

（2）学习捻度计的使用方法。

（3）了解捻度对网线性能的影响。

二、实验材料与用品

（一）实验材料

乙纶网线。

（二）实验用品

解捻式捻度计（图3-4-1）、弹簧秤、挑针、剪刀等。

图3-4-1　解捻式捻度计

三、实验原理

捻度是网线的主要工艺参数之一。对于同种材料的网线，捻度的变化会引起网线各种性质尤其是机械性质的变化。为了保证网线的强度和结构稳定，在捻制网线的过程中，内捻和外捻必须保持适当的比例，即保持二次捻合中捻数的均衡性。

测定捻度的方法是在预加张力下，使用捻度计夹持一定长度试样的两端，旋转试样一端，直到试样的构成单元平行，根据这一过程所需的转数求得试样的捻度。

捻度和捻系数是常用的加捻指标。

捻度（T_m）是单纱、网线或绳索在退捻前的规定长度内绕其轴心旋转的捻回数。捻度单位一般为捻/米（T/m）。捻度可按以下公式计算：

$$T_m = \frac{n}{L} \times 1000 \qquad\qquad （3-4-1）$$

式中：T_m为捻度（T/m）；n为试样的捻回数（T）；L为试样退捻前的长度（mm）。

捻度对公制支数（网线的实际号数）平方根的比值，或捻度与线密度平方根的乘积，称为捻系数。捻系数是表示加捻程度的相对指标，它仅适用于比较相同材料、不同粗度的网线的加捻程度。

$$单纱：\alpha = \frac{T_m}{\sqrt{N_m}} 或 \alpha = T_m \cdot \sqrt{\frac{\rho_x}{1000}} \qquad\qquad （3-4-2）$$

$$网线：\alpha = \frac{T_m}{\sqrt{H_s}} 或 \alpha = T_m \cdot \sqrt{\frac{\rho_s}{1000}} \qquad\qquad （3-4-3）$$

式中：α为捻系数；T_m为单纱（或网线）的捻度（T/m）；N_m（H_s）为单纱公制支数（网线的实际号数）（m/g）；ρ_x（ρ_s）为单纱（网线）的线密度（tex）。

单纱加捻成网线时长度的缩短，称为捻缩。捻缩的大小随网线的粗度与捻度的大小而改变，一般用捻缩率（U_n）表示。捻缩率的计算公式如下：

$$U_n = \frac{L_1 - L_2}{L_1} \times 100\% \qquad\qquad （3-4-4）$$

式中：U_n为捻缩率（%）；L_1为单纱长度（mm）；L_2为网线长度（mm）。

四、实验操作

（1）握持试样一端，并使其一小段（长度至少100 mm）悬垂，观察试样的捻向，标记为"S捻"或"Z捻"。

（2）根据试样长度调节解捻式捻度计两夹钳间的距离，通常取250 mm ± 1 mm。将试样夹入捻度计，并施加一定的预加张力。

（3）根据试样的捻向，旋转夹钳使试样退捻，直至捻度退至0即各股平行为止。记录退捻的捻回数（精确至1）。

（4）记录试样的初始长度、捻向和捻回数。

（5）按以上操作步骤测试所有试样。

五、实验报告与思考题

（一）实验报告

实验报告应包括下列内容：

（1）按表3-4-1的形式记录实验数据。

表3-4-1　网线捻度与捻缩率的测定实验数据记录表

试样编号	结构号数（$\rho_x \times s \times R$）	综合线密度（ρ_z）/tex	试样长度（L_2）/mm	退捻后单纱长度（L_1）/mm	捻回数（n）/T		捻度（T_m）/（T/m）		捻缩率/%	捻系数（α）
					外捻（线）	内捻（股）	外捻（线）	内捻（股）		
1										
2										

续表

试样编号	结构号数 ($\rho_x \times s \times R$)	综合线密度 (ρ_z) /tex	试样长度 (L_2) /mm	退捻后单纱长度 (L_1) /mm	捻回数（n）/T		捻度（T_m）/（T/m）		捻缩率 /%	捻系数（α）
					外捻（线）	内捻（股）	外捻（线）	内捻（股）		
3										
4										
5										
6										
7										
8										
9										
10										

注：s—网线每根线股所含单纱或单丝的根数；R—线股数量。

（2）根据所记录的外捻（线）和内捻（股）的捻数，按式（3-4-1）计算线和股的捻度。

（3）按式（3-4-3）计算网线的捻系数。

（4）根据记录的L_1和L_2，按式（3-4-4）计算捻缩率。

（二）思考题

（1）为什么说捻度是网线加工过程中一个重要的工艺指标？

（2）用网线捻度和捻系数比较加捻程度的适用条件是什么？

（3）网线的综合线密度与加捻有什么关系？

网线直径与线密度的测定

一、实验目的

（1）掌握网线直径和线密度的定义。

（2）学习测定网线直径和线密度的原理和方法。

二、实验材料与用品

（一）实验材料

锦纶或涤纶网线若干。

（二）实验用品

游标卡尺、显微镜、标尺等。

三、实验原理

纤维、单纱每1000 m长度的质量（g）称为线密度（ρ_x），单位为tex。网线加工前各根单纱或纤维线密度的总和称为总线密度（ρ_{zt}），单位为tex。1000 m长的网线的质量称为综合线密度（ρ_z），单位为tex，并在数值前加字母R。在销售合同、发票或包装上注明的产品线密度称为名义线密度（ρ_m），单位为tex。

网线综合线密度按下式计算：

$$\rho_z = W \times 100 \tag{3-5-1}$$

式中：ρ_z为网线综合线密度（tex）；W为预加张力下所截取的10根1 m长网线试样的总质量（g）。

线密度偏差率按下式计算：

$$D_{d} = \frac{\rho_{x} - \rho_{m}}{\rho_{m}} \times 100\% \qquad （3-5-2）$$

式中：D_d为网线线密度偏差率（%）；ρ_x为网线线密度测定值（tex）；ρ_m为网线线密度名义值（tex）。

预加张力下截取1 m长的试样10根，称取其总质量（精确至0.001 g），该值的100倍（相当于1000 m网线试样的质量）即该规格网线试样的综合线密度。线密度测定值与名义值的差除以线密度名义值，即得线密度偏差率。

四、实验操作

（一）网线试样和实验大气条件的调节

网线试样和实验大气条件应符合《渔具材料试验基本条件　标准大气》（SC/T 5014—2002）的规定。

（二）预加张力的测定

网线试样直径和线密度测定所用预加张力应符合《渔具材料试验基本条件　预加张力》（GB/T 6965—2004）的规定。

（三）网线直径的测定

1. 圆棒法

取10份网线试样，在预加张力下先把试样分别卷绕在直径不小于50 mm的圆棒上，网线紧密平行卷绕20圈以上（图3-5-1），再用精度为0.02 mm的游标卡尺测量其中10圈网线的宽度，最后计算每圈网线的宽度。每份网线试样按此步骤测定直径1次，结果取10份网线试样共10次测量值的算术平均值（精确到小数点后2位），单位为mm。

2. 读数显微镜法

直接用读数显微镜测定在预加张力下，网线试样与网线轴平行的两条切线间的距离（图3-5-2），即网线的直径。取10次测量值的算术平均值（精确到小数点后2位），单位为mm。

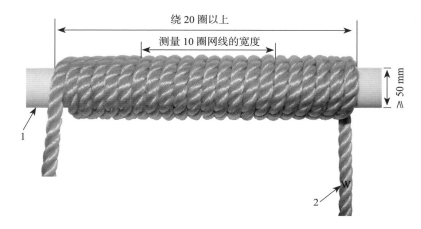

1. 圆棒；2. 预加张力的重锤

图3-5-1　圆棒法测网线直径

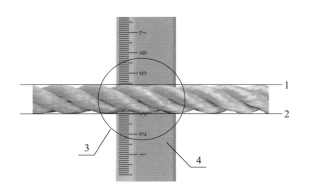

1. m_1基准线；2. m_2基准线；3. 读数镜头；4. 标尺

图3-5-2　读数显微镜法测网线直径

读数显微镜法的操作步骤如下：

（1）将试样固定在测定架上，并施加预加张力；

（2）移动读数显微镜内基准线与网线轴向两侧外切，并读取外切时读数 m_1 及 m_2（精确到小数点后2位）；

（3）计算两切线间的距离，即网线直径（mm，精确到小数点后2位）。

（四）综合线密度的测定

在预加张力下，用测长仪量取1 m长的网线试样10根，称取其总质量（精确至0.001 g），其值的100倍（相当于1000 m长的网线试样的质量）即该规格网线的综合线密度。

（五）数据处理

网线直径修约到小数点后2位，综合线密度修约到整数，线密度偏差率修约到小数点后1位。

五、实验报告与思考题

（一）实验报告

实验报告应包括以下内容：① 试样名称和规格；② 实验依据或执行标准；③ 实验条件；④ 实验结果；⑤ 审核人；⑥ 实验完成日期。

在实验报告中计算网线综合线密度、网线线密度偏差率。

（二）思考题

（1）精确测定网线直径有什么意义？

（2）综合线密度和总线密度有什么区别？

（3）根据试样的专业标准中技术指标直径与综合线密度的值，画出两者之间的关系曲线，并加以分析。

渔用合成纤维含水率和回潮率的测定

一、实验目的

（1）掌握渔用合成纤维含水率和回潮率的测定方法。

（2）了解网线的吸湿性对网线性能的影响。

二、实验材料与用品

（一）实验材料

涤纶、锦纶、维纶网线。

（二）实验用品

烘箱、天平、温度计、干燥器等。

三、实验原理

纤维材料及其制品具有的在空气中吸收和放出水分的性能称为吸湿性。纤维材料及其制品吸湿性的大小与纤维种类、制品结构、外界大气条件（温度、湿度）等因素有关。渔用合成纤维中维纶及其制品吸湿性较大，其次是锦纶、氯纶，乙纶和丙纶吸湿性很小或几乎不吸水。

依据《化学纤维　回潮率试验方法》（GB/T 6503—2017），吸湿性的大小一般用含水率和回潮率表示。

（一）含水率

含水率是指纤维材料及其制品所含水分的质量与其干燥前的质量之比，

用百分率表示。含水率的计算公式如下：

$$W=\frac{m_0-m_1}{m_0}\times100\% \qquad （3-6-1）$$

式中：W为试样的含水率；m_0为试样干燥前的质量（g）；m_1为试样干燥后的质量（g）。

（二）回潮率

回潮率是指纤维材料及其制品所含水分的质量与其干燥后的质量之比，用百分率表示。回潮率的计算公式如下：

$$R=\frac{m_0-m_1}{m_1}\times100\% \qquad （3-6-2）$$

式中：R为试样的回潮率；m_0、m_1的含义同式（3-6-1）。

（三）非标准大气条件下试样干燥后质量的修正

非标准大气条件下，试样干燥后的质量可按式（3-6-3）和式（3-6-4）修正：

$$C=\alpha\times（1-6.58\times10^{-4}e\times h_r） \qquad （3-6-3）$$

式中：C为修正至标准大气条件下试样干燥后的质量的系数（%），简称修正系数；α为纤维吸湿性常数，取值见表3-6-1；e为进入烘箱的饱和水蒸气压力（Pa），其取值决定于温度和大气压力，标准大气压下的饱和水蒸气压力见表3-6-2；h_r为进入烘箱的空气相对湿度。

$$m_s=m_1\times（1+C） \qquad （3-6-4）$$

式中：m_s为试样在标准大气条件下测得的干燥后的质量（g），简称标准质量；m_1为试样在非标准条件下测得的干燥后的质量（g）。

当修正系数C的绝对值小于0.05%时，不予修正。

表3-6-1　不同纤维的吸湿性常数

纤维种类	涤纶、丙纶、氨纶、腈纶	锦纶、维纶	黏胶
α	0	0.1	0.5

未被列入表3-6-1中的纤维，若公定回潮率小于4.5%，则α=0；若公定回潮率大于或等于4.5%，则按式（3-6-5）计算α，修约至1位小数。

$$\alpha = \frac{0.4 \times R_{\mathrm{G}} - 0.95}{0.85} \qquad （3-6-5）$$

式中：R_{G}为纤维的公定回潮率（%），参见《纺织材料公定回潮率》（GB/T 9994—2018）。

表3-6-2　标准大气压、不同温度下的饱和水蒸气压力

温度/℃	饱和水蒸气压力/Pa	温度/℃	饱和水蒸气压力/Pa
3	760	22	2640
4	810	23	2810
5	870	24	2990
6	930	25	3170
7	1000	26	3360
8	1070	27	3560
9	1150	28	3770
10	1230	29	4000
11	1310	30	4240
12	1400	31	4490
13	1490	32	4760
14	1600	33	5030
15	1710	34	5320
16	1810	35	5630
17	1930	36	5940
18	2070	37	6270
19	2200	38	6620
20	2330	39	6990
21	2480	40	7370

四、实验操作

（一）箱内热称法

箱内热称法的操作步骤如下：

（1）称取3份网线试样，质量均不少于50 g（精确至0.01 g），分别编号，记录其干燥前的质量（m_0）。

（2）将烘箱的温度设置到所需烘燥温度（表3-6-3）。

表3-6-3　不同纤维在烘箱内的烘燥温度及烘燥时间

纤维种类	烘燥温度/℃	烘燥时间/h
涤纶、锦纶、维纶、聚苯硫醚（PPS）、聚酰亚胺（PI）	105±3	1
涤纶、氨纶	65±3	1
腈纶、芳砜纶（PSA）	110±3	2
氯纶	65±3	4
黏胶、莫代尔、莱赛尔、对位芳纶、间位芳纶、壳聚糖	105±3	2
聚丙烯腈基碳纤维原丝	110±2	2

（3）将试样放入烘箱的烘篮中，待烘箱内温度升至设置温度时开始记录时间，达到烘燥时间（表3-6-3）后开始第一次称量，之后每隔10 min称量一次，直至恒重后结束干燥，将最后一次称量所得的试样质量记为干燥后的质量（m_1）。每次称量应在相应的时间点关闭电源后约30 s进行，并应在5 min内完成对所有试样的称量。

（二）箱外冷称法

（1）取3份网线试样（均约10 g），放入称量盒一起称量（精确至0.001 g），分别编号。

（2）开启烘箱电源，并将烘箱内的温度设置到所需烘燥温度（表3-6-3）。

（3）将装有3份试样的称量盒放入烘箱，打开称量盒盖，待烘箱内温度升至规定温度时开始记录时间，达到烘燥时间（表3-6-3）后，打开烘箱，迅速盖上称量盒盖。将称量盒放入干燥器，冷却至室温后称量。称量前应瞬时打开称量盒盖再盖上。

五、实验报告与思考题

（一）实验报告

实验报告应包括下列内容：

（1）按时间测出网线试样的质量并记录于表3-6-4中。

（2）分别计算3份网线试样的回潮率、含水率和标准质量，并分别计算平均值。

（3）记录室内温度和湿度。

表3-6-4 网线回潮率实验数据

试样编号	干燥前的质量/g	在烘箱中测试的质量/g					回潮率/%	含水率/%	标准质量/g
		10 min	20 min	30 min	1 h	干燥后的质量/g			
1									
2									
3									
平均值									

（二）思考题

（1）网线的吸湿性对网线的性能有什么影响？

（2）测定网线的回潮率和计算网线的标准质量有什么意义？

（3）各类合成纤维网线的吸湿性有什么区别？

实 验 7

渔用网线断裂强力与结节断裂强力的测定

一、实验目的

（1）掌握测定网线断裂强力与结节断裂强力的方法。

（2）了解网线有结断裂强力与无结断裂强力的区别。

（3）学习网线拉伸试验机的使用方法。

二、实验材料与用品

（一）实验材料

乙纶单丝捻线、锦纶复丝捻线。

（二）实验用品

网线拉伸试验机等。

网线拉伸试验机可分为等加伸长试验机、等加负荷试验机和等速拉伸试验机。优先选择等加伸长试验机。网线拉伸试验机应包括一对可夹持试样的夹具、一套以适当速度加载或拉长试样的工具，以及一个可指示或连续记录施加于试样力值的强力指示装置。

三、实验原理

断裂强力和断裂伸长率是网线拉伸断裂的重要技术指标，也是评定网线品质的重要依据。断裂强力和断裂伸长率因制线用纤维种类、形态及加工工艺（如捻度）等因素的不同而异，还与网线的使用条件如干态、湿态、打结等有关。

断裂强力（F_d）是指将网线拉伸至断裂时所施加的最大强力，单位为N。断裂强力可分为干态断裂强力、湿态断裂强力、干态结节断裂强力、湿态结节断裂强力。

断裂应力（σ）是指网线被拉断时其单位面积所能承受的最大拉力，单位为N/mm^2。

断裂长度（L_t）是指网线的重力与断裂强力相等时的计算长度，单位为km。断裂长度是与断裂应力成正比的相对指标，两者关系可用以下公式表示：

$$L_t = \frac{\sigma}{\rho} \qquad\qquad （3-7-1）$$

式中：L_t为断裂长度（km）；σ为断裂应力（N/mm^2）；ρ为网线密度（g/cm^3）。

断裂伸长率（ε_d）指由断裂强力产生的试样长度增量与试样实际长度之比，用百分率表示。其计算方法如下：

$$\varepsilon_d = \frac{L_d}{L} \times 100\% \qquad\qquad （3-7-2）$$

式中：L_d为试样长度增量（mm）；L为试样实际长度（mm）。

四、实验条件

（1）实验室的标准大气条件：温度20℃±2℃，相对湿度65%±2%。若实验室达不到标准大气条件，则要记录室内实际温度和实际相对湿度。

（2）干态试样须在标准大气条件放置24 h以上。湿态试样须在20℃±2℃不含润湿剂的清水中浸泡12 h以上或含润湿剂的清水中浸泡1 h（充分浸润），取出后抖落表面残留水分，立即进行测试。

（3）试样长度为500 mm±1 mm。夹入试样时，须对其施加预加张力，预加张力大小为250 mm±25 mm长的该试样重量。

（4）夹具间试样的自由长度应不小于250 mm。

（5）平均断裂时间宜为20 s±3 s，应通过预实验确定。

（6）网结断裂强力实验要在试样中部做结。网结形式有单线结、活结、死结3种（图3-7-1）。

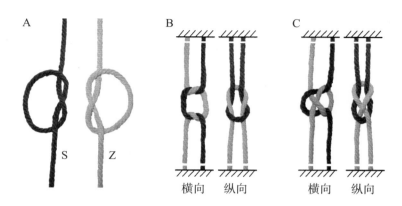

A. 单线结；B. 活结；C. 死结

图3-7-1　网结断裂强力实验网结形式

五、实验操作

（一）网线断裂强力测试

（1）检查夹具间的距离，以保证试样的自由长度不小于250 mm。

（2）在网线拉伸试验机上安装试样，使试样的轴心线与受力方向一致或平行。把试样的一端夹入上夹具，在预加张力作用下，将试样的另一端夹入下夹具。

（3）施加合适的力以确保实验满足规定的平均断裂时间。可以进行预实验，用秒表测试断裂时间，再调节拉伸速度。

（4）当试样完全断裂后，从强力指示盘上读出断裂强力值，从伸长标尺上读出试样长度增量，或从数字显示器上读数。

（5）每种试样的强力断裂实验重复进行10次。

（6）去除在夹具间打滑或被夹具夹坏的试样。在达到断裂强力前，若试样的组成部分断裂，那么应在实验报告中记录。

（二）干态、湿态有结网线断裂强力测试

（1）在测试前打好所有网结，并用手将网结轻轻拉紧。应采取预防措施避免试样捻度改变。

（2）在达到断裂强力前，若试样的组成部分断裂，那么应在实验报告中记录。

（3）如果试样不在网结处断裂，那么该试样应被去除。

六、实验报告与思考题

（一）实验报告

实验报告应包括下列内容：

（1）网线的类型、规格和最终捻向。

（2）实验日期、实验条件、试样的标识。

（3）网线拉伸试验机的类型和量程，所用夹持装置的类型和指示范围。

（4）用表格形式记录的原始数据。

（5）计算下列数据：每组数据的算术平均值、变异系数，网线的断裂长度和断裂伸长率，根据拉伸曲线计算试样在1/2断裂强力作用时的长度增量。

（二）思考题

（1）试比较乙纶网线和锦纶网线的拉伸性能。

（2）比较分析一种试样在干态、湿态、有结、无结时断裂强力的特性。

（3）为什么说断裂强力与断裂伸长是评定网线品质的重要指标？

（4）断裂长度与断裂伸长有什么区别？

实 验 8

渔用网片性能的测定

一、实验目的

（1）学习渔用网片技术指标。

（2）掌握测定渔用网片性能的方法。

二、实验材料与仪器

（一）实验材料

乙纶网片。

（二）实验仪器

网目内径测量仪、等加伸长试验机、硬质直尺、游标卡尺、剪刀、公制秤等。

三、实验原理

网片是构成网渔具的主体。网片的性能将直接影响网渔具的渔获性能和使用期限。因此，在装配网渔具之前，对所选取的网片要进行各项技术指标的抽样测定，这是保证网渔具质量的一项重要工作。此外，网片的各种参数的确定对网渔具性能测定具有实际意义。

（一）网目尺寸

网目尺寸是指网目的伸直长度，一般用目脚长度（a）、网目长度（$2a$）、网目内径（M_j）3种尺寸表示（见本书第二部分）。

（二）网片尺寸

网片尺寸用网片纵向目数、横向目数或拉直长度来表示。在生产实际中，习惯用网片横向目数和纵向拉直长度（m）表示网片尺寸。

（三）实测质量

实测质量为网片在某一温度、湿度条件下实际测得的质量，单位为kg。

公重是指纤维材料及其制品按公定回潮率折算的质量，单位为kg。

（四）网片强力

网片强力可用单个网目断裂强力、网片断裂强力和网片撕裂强力3个指标表示，三者单位均为N。

网目断裂强力为单个网目被拉伸至断裂时的最大强力。网片断裂强力为规定尺寸的矩形网条试样的断裂强力。网片撕裂强力为在规定条件下连续撕破网片试样上若干个网结所需的力。

（五）结牢度

结牢度是网结抵抗滑脱变形的能力。网结在拉伸中出现滑移时，负荷下降，伸长增加。结牢度与网结强力之比的百分率为网片的相对结牢度。

四、实验准备

（一）试样准备

测试网片强力和网片结牢度时对试样的要求如下：

（1）必须在距网片边缘5目以上处剪取试样。

（2）剪取时应远离网结或连接点处，并以熔融法处理目脚。

（3）试样应从网片各部位取得，长度不大于0.5 m。

（4）干态试样须在标准大气条件下放置24 h以上；湿态试样须在20℃±2℃的清水中浸渍12 h以上，取出并甩去残留水分，立即进行测试。

（二）实验条件

（1）实验室的标准大气条件为温度20℃±2℃，相对湿度65%±2%。当室内达不到标准大气条件时，需记录当时的温度和湿度。

（2）试样的平均断裂时间为20 s ± 3 s。

（3）网片断裂强力、网片撕裂强力、网片结牢度测定所用的夹具，应为有效宽度50 mm以上的平夹具。允许在夹具的夹持面内附加衬垫物，以避免试样损坏或滑移。若试样在夹具处断裂，其测定值不予计算。

（4）需要加预加张力时，干态试样每个目脚上的预加张力等于250 m ± 25 m长度的网线重量，湿态试样每个目脚上的预加张力等于125 m ± 12.5 m长度的网线重量。

五、实验操作

（一）网目尺寸的测定

1. 网目长度的测量

为了实验操作和读数方便，测量网目长度时，可采用图3-8-1所示方法。测量时要在距网片3目以上任意部位选取网目，且网目必须沿网片纵向被充分拉直。当2a<100 mm时，每次用连续5个网目测量，取其1/5长度值，即为该次测量的网目长度。当100 mm≤2a≤300 mm时，每次用连续2个网目测量，取其1/2长度值，即为该次测量的数值。当2a>300 mm时，每次测量1个网目。测量次数不少于5次，测量精度为 ± 1 mm。

测量网目长度时，应沿有结网的纵向或无结网的长轴方向被充分拉直网目，应按《渔具材料试验基本条件 预加张力》（GB/T 6965—2004）的规定确定每个目脚上所需的网目长度测量用力。

当2a>20 mm时，用钢质直尺测量；当2a≤20 mm时，用游标卡尺测量。每次用连续的5个网目测量，取其1/5长度值，即为该次测量值。

2. 网目长度偏差率的计算

网目长度偏差率按下式计算：

$$\Delta 2a = \frac{2a - 2a'}{2a'} \times 100\% \qquad (3-8-1)$$

式中： $\Delta 2a$ 为网目长度偏差率（%）；$2a$ 为实测网目长度（mm）；$2a'$ 为网目

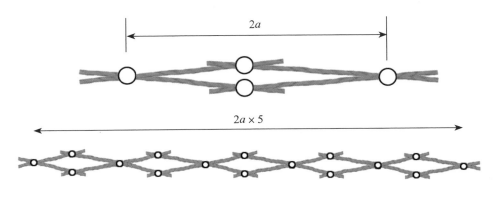

图3-8-1　网目长度的测量

公称长度（mm）。

3. 网目内径的测量

对网目尺寸不大于50 mm的网片，所需网目内径测量用力为2 kg；对网目尺寸大于50 mm而小于等于120 mm的网片，所需网目内径测量用力为5 kg；对网目尺寸大于120 mm的网片，所需网目内径测量用力为8 kg。

沿有结网的纵向或无结网的长轴方向拉紧网片，将网目内径测量仪的细端垂直于网片平面，用上述规定的测量用力将网目内径测量仪沿有结网的纵向或无结网的长轴方向插入网目，直至测量用力等于网目阻力时为止。

测量网目内径必须每次逐目进行，至少测量20个连续的网目内径，取算术平均值为该次测量的数值。

（二）网片尺寸测定

1. 网片横向目数的计数

以网目数表示时，逐个计数网片长度方向平行排列的目数。

2. 网片纵向长度的测量

将网片放置于平整、干燥的场地上摊平，目脚并拢且顺直，使网片充分拉直。在网片的中部任取一目，按网目长度的构成方向，从一端第一目开始，顺序连续地至另一端止，其所构成的直线尺寸即网片长度。用网卷尺测量，每个网片测量一次，取小数点后两位。网片长度超过20 m时，在同一直线尺寸上可分段测量，累加计算网片长度。

3. 网片长度偏差率的计算

网片长度偏差率按下式计算：

$$\Delta 2L_0 = \frac{L_0 - L_0{}'}{L_0{}'} \times 100\% \qquad (3-8-2)$$

式中：ΔL_0为网片长度偏差率（%）；L_0为网片实测长度（m）；$L_0{}'$为网片公称长度（m）。

4. 网片等级的评定

将网目尺寸、网片尺寸以及外观要求与表3-8-1做对照，评定出试样网片的等级。

表3-8-1　乙纶机织网片的尺寸和外观技术要求

项目			优等品	一等品	合格品
尺寸要求	网目长度偏差率/%	10 mm≤2a≤25 mm	± 2.0	± 3.0	± 4.5
		25 mm<2a≤50 mm	± 1.5	± 2.5	± 4.0
		2a>50 mm	± 1.0	± 2.0	± 3.5
	网片长度偏差率/%		± 0.5	± 1.0	± 2.5
外观要求	破目数		≤0	≤0	≤0.01
	漏目数		≤0	≤0.01	≤0.02
	活络结数		≤0	≤0.01	≤0.02

（三）网片质量的测定

测定网片质量时，记录当时的温度和湿度，将每个网片用公制衡器称量一次，以kg为单位，精确至3位有效数字，获得网片实测质量。

按照第三部分实验6进行网片回潮率的测定。网片公量按下式计算（精确至3位有效数字）：

$$G_1=G_c \times \frac{100+W_g}{100+W_c} \qquad （3-8-3）$$

式中：G_1为网片公量（kg）；G_c为网片实测质量（kg）；W_g为网片公定回潮率（%），参考表3-8-2；W_c为网片实测回潮率（%）。

表3-8-2　常用合成纤维渔用网片的公定回潮率

种类	乙纶网片	维纶网片	锦纶网片	涤纶网片
公定回潮率/%	0	5.0	4.5	0.4

（四）网片强度的测定

1. 网目断裂强力的测定

将单个网目套入不锈钢栓进行实验（图3-8-2）。当网目长度过小，不能使用不锈钢栓时，可以使用比网目粗的网线穿入网目作为线环，然后把线环套在不锈钢栓上（图3-8-3）。

检查测试仪器上的不锈钢栓或线环，使它们严格地排在一条直线上，以保证样品受力时不产生任何偏差。在测试仪器上进行操作时，应将样品小心地钩挂在不锈钢栓上或穿进线环中，以确保网结不接触不锈钢栓或线环。

图3-8-2　用不锈钢栓固定网目　　　图3-8-3　用线环固定网目

湿态样品应在离水后立即测试。施加合适的力以符合平均断裂时间要求（20 s±3 s）。每个网片应至少进行10次实验。

如果试样不在网结或连接点处断裂，那么本次实验结果应被去除。如果试样在网结处打滑或在连接点变形，那么本次实验结果也应被去除。出现上述情况，应当更换试样重新操作，并在实验记录中标明被去除试样的数量。如果超过50%的试样出现在网结处打滑的情况，那么应用网线结节断裂强力的测定方法来替代上述方法，在测试仪器上用夹持装置固定网结的4个目脚〔（参考国际标准 *Fishing nets—Determination of breaking force and knot breaking force of netting yarns*（ISO 1805—2006）〕。如果网目太小，为保证网结的4个目脚端被装置夹住，其四周的所有网结都应拆开（图3-8-4）。

> **注意**
>
> 网线结节断裂强力实验结果一般不与网目断裂强力实验结果比较，后者总是给出一个比网线结节断裂强力实验结果小的数值。

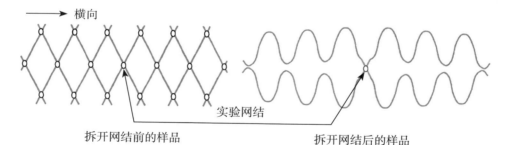

图3-8-4　网线结节断裂强力测定用试样的准备

2. 网片断裂强力的测定

试样在夹具间的有效长度为200 mm ± 5 mm，宽为4.5目。试样一端平整地夹入上夹具，并使目脚互相靠紧；在试样下端加以预加张力后，将其夹入下夹具（图3-8-5）。然后进行实验，测得网片断裂强力，同时还可测得断裂伸长率。有效测定次数不少于20次。用同样的方法可测干态、湿态网片纵向、横向断裂强力。例如，对于网目长度大于150 mm的网片，按第三部分实验7测定网结强力。

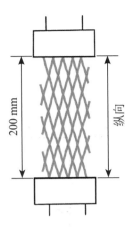

图3-8-5 网片断裂强力与断裂伸长率的测定

3. 网片撕裂强力的测定

测定网片纵向撕裂强力时，取试样的横向目数不少于9目。从横向一端的中央网目沿纵向将网目剪开，留下4目，然后按图3-8-6所示方式将网片夹入上、下夹具，测定网结（或连接点）全部撕裂过程中的强力最大值，有效测定次数不少于10次。

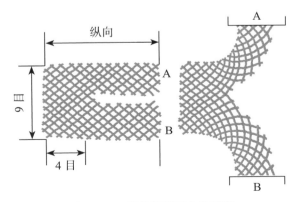

图3-8-6 网片撕裂强力的测定

（五）结牢度的测定

（1）先参照第三部分实验7测试网结强力（死结强力）。

（2）将试样按图3-8-7所示方式夹入试验机上、下夹具内，网结纵向位于两夹具中间。

（3）按测试网结强力的拉伸速度在试样上加力，直至网线从网结中完全滑出或网结完全断裂。在拉伸同时，绘出结牢度拉伸曲线。须进行20次有效测定。

图3-8-7　结牢度实验

（4）根据结牢度拉伸曲线取得结牢度的方法：

1）结牢度拉伸曲线一般有数个峰值，以其第一个明显峰值为结牢度，以10 N（daN）表示。在拉伸曲线上偶尔出现的第一个微小峰值应不计。

2）结牢度拉伸曲线只有一个明显峰，有下述两种情况：① 网结滑移产生一个峰值后，由于网结处于松弛状态，故不出现第二个峰值，该峰值亦为结牢度；② 结牢度曲线与结强力拉伸曲线相仿，在结牢度实验中无滑移而产生断裂，该峰值可看做结牢度，但应注明。

（5）计算：

1）结牢度。计算结牢度的公式如下：

$$\overline{F}_j = \frac{\sum F_j}{20} \qquad （3-8-4）$$

式中：$\overline{F}_j$ 为结牢度算术平均值（N）；F_j 为每一试样的实测结牢度（N）。

2）相对结牢度。计算相对结牢度的公式如下：

$$J = \frac{\overline{F}_j}{\overline{F}_{jd}} \times 100\% \qquad （3-8-5）$$

式中：J 为相对结牢度（%）；$\overline{F}_{jd}$ 为网结强力的算术平均值（N）。

六、实验报告与思考题

（一）实验报告

实验报告应包括下列内容：

（1）实验室大气条件。

（2）实验网片的网线种类、网线类型、网线规格。

（3）等加伸长试验机的类型、负荷和伸长范围。

（4）网片各技术指标的测定条件。

（5）以表格形式列出的各项测定原始数据。

（6）网目长度和网片长度偏差率的计算，以及根据表3-8-1定出的网片等级。

（7）网目断裂强力与断裂伸长率的测定与计算。

（二）思考题

（1）网片技术鉴定应包括哪些项目？

（2）试分析你所鉴定网片的质量。

（3）精确测量网目尺寸有什么实际意义？

实 验 9

渔用绳索性能的测定

一、实验目的

（1）学习测定绳索的各项技术指标。

（2）了解乙纶和锦纶绳索的物理和机械特性。

（3）了解国家标准对绳索物理和机械性能测定的规定。

二、实验材料与仪器

（一）实验材料

乙纶单丝捻绳约4 m（公称直径约28 mm）、锦纶复丝捻绳约4 m （公称直径约20 mm）。

（二）实验仪器

直尺、电子秤、游标卡尺、强力试验机等。

三、实验原理

绳索是制造渔具的主要材料之一。绳索在渔具上作为骨架，保证渔具的尺寸和形状，作业时承担作用于渔具上的外力。为评定绳索的品质和选择合适的绳索，必须对绳索的主要技术指标进行测定。

绳索特性主要包括直径、周长、线密度、捻距、编绞距、断裂强力和伸长。对这些指标的测定方法有专门的国家标准——《纤维绳索 有关物理和机械性能的测定》（GB/T 8834—2016）。

直径、周长、捻距、编绞距是试样在特定预加张力下测得的数值。线密度由试样经过温度、湿度调节处理后的质量及处于预加张力下的长度而获得。

绳索的伸长特性是绳索所承受的张力由初始值（预加张力）增至绳索额定最小断裂强力的50%时的长度增量。

绳索的断裂强力是试样在运动部件匀速运动的强力试验机上进行断裂实验过程中所记录到或达到的最大负荷。

四、实验准备

（1）试样应有足够长度，以保证试样装在试验机上时具备不小于表3-9-1所规定的有效长度（L_u）。

表3-9-1 试样有效长度

绳索类型		试验机类型	最小有效长度L_u/mm
化学纤维绳索	$d \leqslant 10$ mm	各种类型试验机	400
	10 mm$<d<$20 mm	轮式夹具试验机	400
		销柱类型试验机	1000
		楔形夹具试验机	—
	$d \geqslant 20$ mm	销柱类型试验机	2000
天然纤维绳索		各种类型试验机	2000

注：d—公称直径。如果绳索捻距大于360 mm，那么L_u应尽可能增加到捻距长度的5倍。

（2）从每个样品中取一段试样。

（3）试样可从样品的任意一端截取，也可以从样品的中部截取试样。在截取试样时，应采取措施避免退捻，必要时可舍弃已稍微退捻的端部。

（4）一般情况下，试样处于环境大气条件下，在平面上摊开一段时间后再进行实验。

五、实验操作

（一）初始测量

在不受明显张力（不超过预加张力的20%）的情况下，将试样展直置于平面上，测量其长度L_0，单位为m，精确至0.1%。

在试样上做两个"w"标记。两个标记应关于试样的中点对称。两个标记的距离应大于400 mm，以l_0表示。

测定试样的质量，以m表示，单位为g，精确至0.5%。

将绳索试样平直伸展在实验桌上，用游标卡尺在试样不同部位测量两绳股对径，即为直径，单位为mm，精确至0.1 mm。每个试样测5次，取平均值。

用宽约10 mm的纸带沿垂直于绳索轴线方向环绕稍大于一周，在纸带重叠处刺孔，测量两孔间距，即为绳索周长，单位为mm，精确至0.1 mm。每个试样在不同部位测定6次，取平均值。

（二）在试验机上装夹试样

根据所用试验机的类型，用楔形夹具、轮式夹具或用销柱固定眼环试样的两端。装夹试样时应达到规定的试样有效长度。

在使用眼环进行实验时，眼环的闭合内长应为6倍的绳索直径。对于化学纤维绳索，建议将插接尾端做成锥形。

如图3-9-1～图3-9-3所示，L_u指示试样被展直时，在无张力情况下测量的有效长度；两个"r"（标准实验时的限制标记）指示一段试样区间，断裂发生在该区间内被视为正常。每个标记"r"到较近闭合末端的距离（或达到轮式夹具的切点）最小为绳索直径的2倍，最大为绳索直径的3倍。

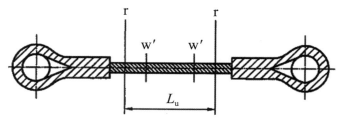

图3-9-1　用销柱固定眼环的试验机测定公称直径不小于20 mm绳索时试样有效长度L_u

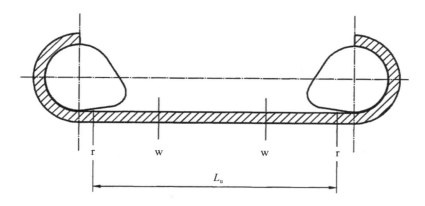

图3-9-2 用轮式夹具试验机测定公称直径小于20 mm绳索时试样有效长度L_u

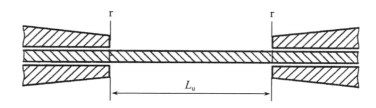

图3-9-3 用楔形夹具试验机测定公称直径小于20 mm绳索时试样有效长度L_u

（三）捻距和标距的测量

根据绳索种类，对试样施加规定的预加张力并测量捻距和标距。

1. 捻距

捻距的最大值可能在L_u内，单位为mm。

捻绳的捻距和8股、12股编绞绳的编绞距分别见图3-9-4、图3-9-5、图3-9-6。

2. 标距

标距即两个"w"标记间的距离，用l_2表示，单位为mm。对试样施加预加张力并测量标距。

l. 3股绳的一个捻距

图3-9-4　3股、4股、6股绳的捻距

l. 一个编绞距

图3-9-5　8股编绞绳的编绞距

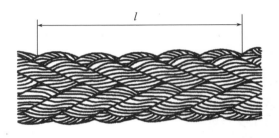

l. 一个编绞距

图3-9-6　12股编绞绳的编绞距

（四）实验标准化

测试断裂点前，给绳索施加50%最小断裂强力并循环操作3次。除非特定绳索的测试，否则测试速度一律为250 mm/min ± 50 mm/min。

（五）绳索伸长的测量

通过试验机的往复运动部件以匀速拉伸，逐渐增加张力。除非特定绳索的测试，否则往复运动部件的速度不应超过250 mm/min ± 50 mm/min。

当张力达到绳索最小断裂强力的50%时，测量两个"w"标记间的距离（用于测量的停顿时间应尽可能短）。该距离以l_3表示，单位为mm。

可使用绳索达到50%的最小断裂强力拉伸实验过程中所记录下来的数据绘制负荷-伸长曲线。

（六）断裂强力的测定

以同样的速度继续增加张力，直至绳索断裂。记录断裂强力及试样上发生断裂的位置。

如果断裂发生在两个"r"标记限定的区间之外，且断裂时记录的力值不低于最小断裂强力的90%，那么就应使用另一根试样重新进行实验，而不应推断试样的真实断裂强力值为上述结果与10/9的乘积。

六、数据处理

线密度、捻距、编绞距及伸长的测量结果，取批中每个试样测定值的算术平均值。断裂强力的测量结果以批中每个试样的断裂强力来表示，不计算平均值。

（一）线密度

线密度（ρ_1）即以g为单位的每米净重，单位为ktex（千特），由下式算出：

$$\rho_1 = \frac{m}{L_1} \qquad\qquad （3-9-1）$$

式中：ρ_1为线密度（ktex）；m为试样的质量（g）；L_1为在预加张力下试样的长度（m）。

L_1的计算方法如下：

$$L_1 = \frac{l_2 \times L_0}{l_0} \qquad\qquad （3-9-2）$$

式中：L_1为在预加张力下试样的长度（m）；l_2为测量的受预加张力时的标距（mm）；L_0为在不受明显张力（不超过预加张力的20%）时测量的初始长度（m）；l_0为在不受明显张力（不超过预加张力的20%）时测量的初始标距（mm）。

（二）捻距或编绞距

捻距（l_p）由下式计算得出：

$$l_p = \frac{l_n}{n} \qquad\qquad (3-9-3)$$

式中：l_p为捻距（mm）；l_n为同一股n个完整捻回的长度（mm），对于编绞绳则为n个完整编绞的长度（图3-9-5、图3-9-6）；n为若干个完整的捻回或编绞。

（三）伸长率

伸长率（E）以百分率表示，由下式计算得出：

$$E = \frac{l_3 - l_2}{l_2} \qquad\qquad (3-9-4)$$

式中：E为伸长率（%）；l_3为张力为额定最小断裂强力的50%时的标距（mm）；l_2为预加张力下的标距（mm）。

（四）实际断裂强力

实际断裂强力以N为单位，并标明断裂是否发生在两个"r"标记之间。

试样在两个"r"标记限定的区间之外发生断裂时，如果断裂时所记录到的力不低于最小断裂强力的90%，那么该试样被认为不符合断裂强力技术要求；在这种情况下，不需要将实验过程中实际记录值以外的断裂强力作为报告值。

七、实验报告与思考题

（一）实验报告

实验报告应包括下列内容：

（1）实验日期、实验条件（包括试样的调节、测定伸长率的步骤）。

（2）试验机的类型、负荷范围和精度范围。

（3）根据测试结果计算出的绳索的线密度、捻距和伸长率。

（4）以表格形式（表3-9-2）记录实验数据。

表3-9-2 绳索技术指标实验数据

绳索种类		PE绳	PA绳
结构	股数		
	每股绳纱数		
粗度	平均直径/mm		
	平均周长/mm		
捻度	捻距/mm		
	捻度/（T/m）		
线密度/ktex			
强力	平均绳纱断裂强力/N		
	计算系数		
	计算断裂强力/N		

（二）思考题

（1）试对比分析乙纶绳索和锦纶绳索的物理和机械特性。

（2）将绳索产品标准的最低断裂强力值与本实验测定的计算强力值相比较，两者相差多少？在选用绳索时应参照哪个值？

（3）关于绳索性能测定有哪些国际或国家标准或规定？

实 验 10

硬质泡沫塑料浮子的物理与机械性能测定

一、实验目的

掌握硬质泡沫塑料浮子的取样与样品准备，外形尺寸、质量、浮力、抗压和抗拉强力等物理与机械性能的测定方法，学习其浮率的计算。

二、实验材料与仪器

（一）实验材料

硬质泡沫塑料浮子20个、网袋。

（二）实验仪器

外径卡钳、内径卡钳、游标卡尺、电子秤（精度为0.01 g）、电子拉力计（精度0.1 N）、配重、等加伸长或等速拉伸强力试验机（精度为1%）、压力表、试压容器、水压泵等。

三、实验原理

浮子是渔具上的重要属具，装配在渔具的上方使之上浮。调节浮子的数量及其配布位置，可使渔具停留在所需的水层和保持一定的扩张度。浮子的性能对渔具的效能影响较大，因此，检查其物理和机械性能很有必要。

浮子的物理和机械性能指标包括外形尺寸、质量、浮力、抗压和抗拉强力等。

浮力是指浮子在水中的负重能力，数值上等于浮子沉没在水中所排开水的质量与其在空气中原有质量的差值，单位为N。测定浮子的浮力，可利用阿基米德原理，测配重在水中的重力和浮子加配重在水中的重力，二者差值即为浮子的浮力。

浮率是指浮子单位重力所具有的浮力，亦即浮子的浮力与其在空气中的重力的比值。

抗压是指浮子承受一定的水压力而不变形。

抗拉强力是指从浮子孔中穿进一定规格的丙纶绳索后，在强力机上拉至孔洞完全破裂过程中所需要的最大拉力，单位为daN。

四、实验操作

（一）取样数量与实验次数

对每批产品随机抽取试样20个。对20个试样进行外形尺寸、质量和浮力测试后，10个一组，分成两组，分别进行抗压和抗拉强力实验（表3-10-1）。

表3-10-1　浮子取样数量与实验次数

项目	取样数量	实验总次数	备注
外形尺寸	20	40	测外径时，每个试样测2次
质量	20	20	每个试样各测1次
浮力	20	2~20	浮力（F）≤3 N，一次测10个试样；3 N<F<9 N，一次测5个试样；F>9 N，逐个测定
抗压	10	10	以上项目测定结束后，将试样任意分两组，每组10个，分别进行抗压和抗拉强力实验
抗拉强力	10	10	

（二）外形检查与尺寸测量

1.外形检查

目测逐个检查试样的形状是否规则、焊接处有无缝隙等。

2.尺寸测量

（1）浮子外径（D）：用外径卡钳在每个试样的近焊缝处（应错开注塑

口疤痕）测量试样的外径，用游标卡尺量取外径卡钳的测试值，单位为mm（图3-10-1）。

（2）浮子内径（d）：用内径卡钳测量每个试样孔径的最小值，用游标卡尺量取内径卡钳的测试值，单位为mm。

（3）浮子长度（L）：用外径卡钳测量每个试样中心孔的两端面处的长度，用游标卡尺量取外径卡钳的测试值，单位为mm。

测浮子外径、浮子孔径、浮子长度时，每一试样测两次，在以中心孔为轴心转动90°前后的位置分别测量一次。

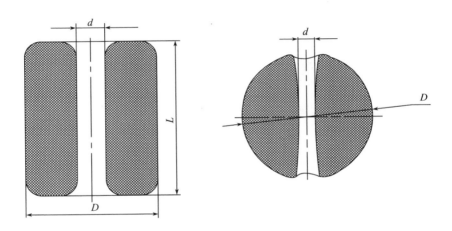

图3-10-1　浮子内径（d）、外径（D）和长度（L）的测量

（三）质量测量

实验条件：温度20℃±2℃，相对湿度65%±5%。

试样在规定的实验条件下调节16 h以上，然后用电子秤逐个称取试样质量，称量精确至0.01 g。实验结果以20个试样称量结果的算术平均值表示，单位为g。

（四）浮力实验与浮力计算

1. 实验方法

把试样放入网袋后入水，在网袋外面逐渐增加配重，直至试样完全浸入水中，用电子拉力计测得试样在水中的重力；然后从网袋中取出试样，再称取配重及网袋在水中的重力（图3-10-2）。称量精确至0.1 N。

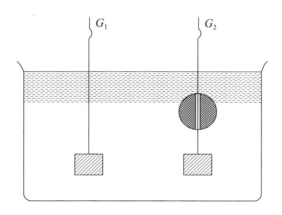

图3-10-2　浮子的浮力实验

2. 数据处理

浮子的浮力按下式计算：

$$F=G_1-G_2 \tag{3-10-1}$$

式中：F为浮子的浮力（N）；G_1为配重和网袋在水中的重力（N）；G_2为配重、网袋及试样在水中的重力（N）。

实验总次数按表3-10-1确定，实验结果以所有测试值的算术平均值表示，单位为N，取整数位。

浮子在海水中的浮力用下式计算：

$$F'=F \times \rho_1/\rho \tag{3-10-2}$$

式中：F'为浮子在海水中的浮力（N）；F为浮子在淡水中的浮力（N）；ρ为淡水密度，取1.00 g/cm³；ρ_1为标准海水密度，取1.03 g/cm³。

浮率按下式计算：

$$f=F/G \qquad\qquad （3-10-3）$$

式中：f为浮子的浮率；F为浮子在水中的浮力（N）；G为浮子在空气中的重力（N）。

（五）抗拉强力测量

在温度20℃±2℃和相对湿度65%±5%的实验条件下，将试样调节16 h以上方可开始实验。

将上下两根丙纶绳索穿入浮子中心孔后各自与强力试验机的上下夹持器连接，进行抗拉强力实验（图3-10-3）。测定中心孔完全拉裂过程中的最大强力值，单位为N。

浮子公称外径≤120 mm时，穿直径6 mm的绳索；浮子公称外径>120 mm时，穿直径8 mm的绳索。绳索的夹持有效长度是浮子孔长的3倍，允许误差为±2%。

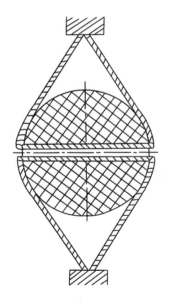

图3-10-3　浮子的抗拉强力测量

（六）抗压测量

实验水温为20℃±5℃。

把试样置于试压容器中，将容器密封，驱动水压泵，升压至产品额定的工作压力（时间不少于2 min），稳定4 h，再降至常压，取出试样，检查其表面是否产生皱褶或凹陷。

五、聚氯乙烯球形浮子的技术要求

聚氯乙烯球形浮子分优等品、一等品和合格品3个等级，按照表3−10−2和表3−10−3评定。

表3−10−2　聚氯乙烯球形浮子的物理性能指标

公称直径	规格尺寸/mm 直径偏差 优等品	一等品	合格品	公称孔径	孔径偏差	质量/g 优等品	一等品	合格品	浮力/N 优等品	一等品	合格品	表面硬度/HA 优等品	一等品	合格品	抗拉强力/（×10⁻⁵ N） 优等品	一等品	合格品
60						≥8			≥0.89	≥0.88	≥1.87				60	50	40
70	±2	±3	±4	12	±1.0	≥13			≥1.46	≥1.44	≥1.43				80	70	60
80						≥20			≥2.22	≥2.19	≥2.17				110	100	90
90						≥28			≥3.09	≥3.06	≥3.03				130	120	110
100	±3	±4	±5	15	±5	≥39			≥4.28	≥4.23	≥4.19				160	150	140
110						≥52			≥5.72	≥5.66	≥5.61	≥80	≥75	≥70	200	190	180
120						≥69			≥0.60	≥7.53	≥7.46				230	220	210
130						≥85			≥9.37	≥9.27	≥9.18				260	250	240
140	±4	±5	±5	20	±2.0	≥107			≥11.7	≥11.6	≥11.5				290	280	270
150						≥140			≥15.5	≥15.4	≥15.2				340	330	320

表3-10-3　聚氯乙烯球形浮子的外观指标

序号	外观疵点		等级指标		
			优等品	一等品	合格品
1	裂口		不允许		
2	气泡	直径>5 mm	不允许		
		直径 4～5 mm允许数量	0	2个	4个
		直径<4 mm 允许占总面积的比例	0	5%	10%
3	凹凸	表面凹陷或凸起直径 1～2 mm 允许占总面积的比例	2%	4%	10%
4	错位	合模接缝错位	≤1mm	≤2mm	≤3mm
5	椭孔	长短轴之差	≤1mm	≤2mm	≤3mm
6	中心孔不通		不允许		
7	色斑	允许占总面积的比例	不明显	20%	40%

六、实验报告与思考题

（一）实验报告

实验报告应包括下列内容：

（1）样品名称、生产地点、取样单位及生产日期或产品批号。

（2）材料、规格、试样数量及试样编号。

（3）实验条件、实验项目及仪器设备。

（4）实验结果。

（5）实验人员及实验日期。

（二）思考题

（1）根据硬质球形泡沫浮子物理和机械性能，评定其等级。

（2）已知渔具所需的总浮力和每个浮子的材料与规格，如何确定浮子的个数？

第四部分

渔具手工艺篇

实验1　渔用网片编结技术

实验2　渔用网片增/减目编结技术

实验3　渔用大网目编结技术

实验4　渔用网片剪裁技术与计算

实验5　渔用网片缝合技术

实验6　渔用网衣缝合技术

实验7　绳索结接技术

实 验 ①

渔用网片编结技术

一、实验目的

（1）学习网梭、目板的使用方法。

（2）掌握手工编结网片的半目、整目起编方法。

（3）掌握死结、活结的网片做结技术。

二、材料与工具

（一）材料

乙纶网线、棉线等。

（二）工具

网梭、目板、剪刀等。

三、手工艺简介

渔用网片编结方式主要有机械编结和手工编结。机械编结速度快、效率高、网目均匀、结节勒紧程度一致、易于拉伸定型、网片质量较好，有利于大规模生产。手工编结是传统的网片编结方法，其特点是比较灵活，能够利用增减目的方法，编结各种形状和规格的网片，也能够编结整个网具。

手工编结网片是一项基础性工艺，包括起编、做结以及增目、减目技术，所使用的工具是网梭和目板。网片按其编结的形式分为有结网片和无结网片两类。无结网片为机织网片，其编织方法在此不做介绍。有结网片分为死结网片和活结网片两种。

网梭，又叫梭子、网针，以竹、木、金属或塑料制成，用来绕附网线、穿过网目编制结节。梭子的尺寸依编织网片网目的大小以及所用网线的粗细而定。网梭宽度一般不大于$a/2$，厚度稍薄，弹性好，表面光滑，尖端稍钝，长度为100~270 mm，以使用方便为宜（图4-1-1）。

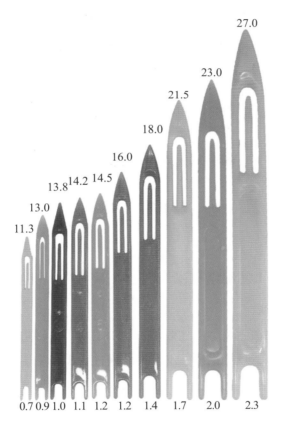

上方数字为长度（cm），下方数字为宽度（cm）

图4-1-1 不同规格的网梭

目板，以竹、木或金属制成，用来控制目脚的大小，两侧边一边稍薄，一边稍钝，无棱角，沿长度方向的厚度、宽度必须一致，才能保证网目大小一致。目板长度为80~130 mm，宽度约等于a（图4-1-2）。

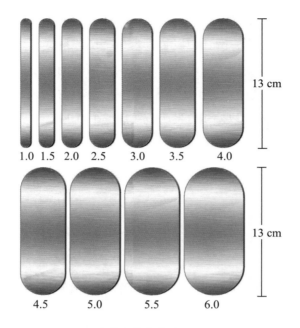

下方数字为宽度（cm）

图4-1-2　不同规格的目板

四、网片手工艺编结技术

（一）网梭装线

将网线绕过网梭舌头，压住线端（用手辅助压住，防止线端滑动），使网线绕过尾端叉部，反转网梭，继续缠绕网梭舌头和尾端叉部，直至完成网梭装线（图4-1-3）。

网梭装线量不要太多，根据网目大小和网梭的大小来确定，避免网梭在打结的时候被卡住。

（二）起编方法

手工编织网片的起编方法有很多种，其中最简便的方法是在旧网片下起编，待编织完成新网片之后将旧网片剪去。此外，起编时可以先横张一根网线（张线），在此张线上起编。起编的方法有半目起编法、整目起编法和纵

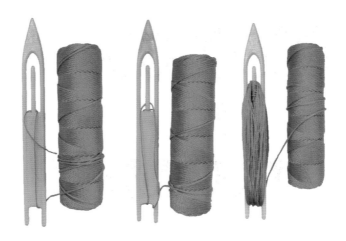

图4-1-3 网梭装线方法

目起编法3种。

1. 半目起编法

预先设置一根张线，将其两端固定。先在张线左端打一个双套结，再将网线绕目板一周，在张线上再打一个双套结，完成第一个半目的编结。如此重复编结，编出所需的一列半目，其目数应和所需目数一致，这就是半目起编法。在达到所编结的目数要求时将张线两端对调，再从左侧开始编结下一半目（图4-1-4）。半目起编法的特点是操作简便、网目整齐。

2. 整目起编法

按所需网片横向目数和网目规格，预留出一横列半目所需网线的长度。将预留出的网线绕成线团，并在张线上自左向右绕圈。线团的一端连着网梭，网梭应在左侧，便于编结。起编时，把张线左端的第一个线圈拉下半目大小的长度，网梭绕过目板在此半目的端做结，这样编结形成的网目是一个整目，这就是整目起编法。编完末端最后一目时，将张线两端对调，再由左向右编结即可（图4-1-5）。整目起编法的特点是操作比较麻烦，需要两人配合，且第一列网目大小比较难控制。

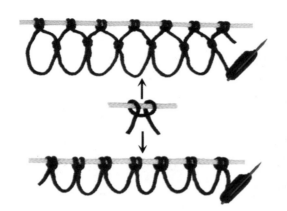

半目起编法

图4-1-4　半目起编法

用网线翻过张线做结

用网梭翻过张线做结

图4-1-5　整目起编法

整目起编法

3. 纵目起编法

起编时在张线（或用钩子）上先编出宽一目半的网条，并使网目结节位于中间左侧，然后将目板紧靠网目的下端做结。以此方法编结下去，直至编结网目数为网片横向所需网目数的2倍。将张线穿进偶数组网目内，再收原编结方向的横向编结（图4-1-6）。纵目起编法的特点是操作简便，但最前端的1.5目编结方向与整块网片编结方向不一致，易变形、溜节。

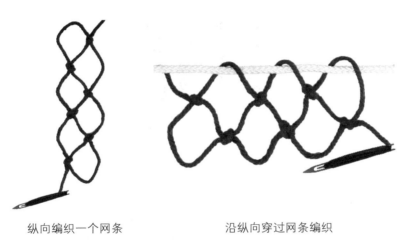

纵向编织一个网条　　　　　　沿纵向穿过网条编织

图4-1-6　纵目起编法

（三）做结的方法

渔用网片一般采用活结（或双活结）、死结（或双死结）等。

1. 活结

活结的制作方法如图4-1-7所示。技术要领：将带有网线的网梭自上而下穿过上线所形成的线圈后向左方引出，拉紧网线，并在上线的上方以顺时针方向做成线圈，然后将网梭从上线圈右边的一根线由下向上并通过新形成的线圈穿出，收紧线圈即编结成活结。若在上线右线绕穿两次即编结出双活结（图4-1-8）。

图4-1-7　活结的制作

图4-1-8　双活结

2. 死结

死结的制作方法如图4-1-9所示。技术要领：将带有网线的网梭自下向上穿过上线，拉紧网线，并在上线上方顺时针方向做成线圈，然后将网梭在右方自下而上同时穿过两根上线，并通过新形成的线圈引出，收紧线圈即编结成单死结。若在两根上线上绕两次，即编结出双死结（双穿）；若在两根上线上绕一次，然后从上线右边的一根线自下而上穿出，即编结出双死结（单穿）（图4-1-10）。

图4-1-9　死结的制作

双死结（双穿）　　　　　　双死结（单穿）

图4-1-10　双死结的制作

五、注意事项

（1）起编前，须检查目板大小是否符合要求。可先试编，然后拉伸处理，看网目大小是否合适，不合适则适当调整目板的规格。

（2）编结时，每次穿过上线时，都要使上线与目板充分接触，保证目板上的网目排列整齐、紧密。做结的位置均应在目板的上缘。

（3）打结时，结节要整齐地排列在目板前缘，做结拉力要均匀，以保证网目尺寸一致。

（4）编织时，应保证做结的正确性，不要将网结上缘部分的网线翻到下缘而使网结变形，出现滑溜结（图4-1-11）。

正常的活结　　　　滑溜的活结　　　　正常的死结　　　　滑溜的死结

图4-1-11　活结和死结的滑溜结

（5）与上节网目做结时，应在上节网目网线的中间，以免出现"老K脚"（图4-1-12），同时注意避免出现漏目、漏结、生目、并目的现象。

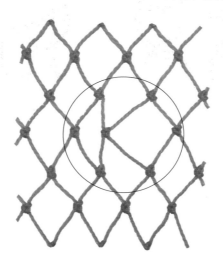

图4-1-12 "老K脚"（圆圈所示）

六、作业

（1）用半目起编法，编结目大为20 mm的活结网片两块，具体规格要求如下：① 横向40.5目、纵向4.5目一块；② 横向45.5目、纵向4.5目一块。

（2）用整目起编法，编结目大为20 mm的死结网片两块，具体规格要求如下：① 横向42.5目、纵向5.5目一块；② 横向32.5目、纵向5.5目一块。

（3）手工编织横向20.5目、纵向20目的矩形网片，网目尺寸（2a）为40 mm，采用半目起编法起编，前20节采用单死结，之后10节为活结，最后10结为双死结。

渔用网片增/减目编结技术

一、实验目的

（1）学习渔用网片增/减目的计算方法。

（2）掌握渔用网片增/减目编结技术。

二、材料与工具

（一）材料

乙纶网线、乙纶网片。

（二）工具

网梭、目板、剪刀等。

三、手工艺简介

第四部分实验1所介绍的编结方法只能编结矩形网片，若要编结其他形状的网片，就必须使用增/减目编结技术。在手工编织网片时，如果需要网片的横向目数减少，就需要采用减目技术；反之，如果需要网片的横向目数增加，就需要采用增目技术。网片增/减目可以在网片中间进行，也可以在网片的侧边进行，增/减目的位置不同，其要求也不同。

四、网片增/减目编结技术

（一）网片增目编结技术

采用增目技术编结网片，主要有两种方法，即半目增目法和挂目增目法。

1. 半目增目法

半目增目法是指在编结到所设计的网目位置时，除了在该网目的下边编结原有的半目外，还要在此位置再增加编结半目，即在同一条上线上连续编结两次（图4-2-1）。半目增目法的缺点是在增目编结的位置所形成的网结比较粗大。

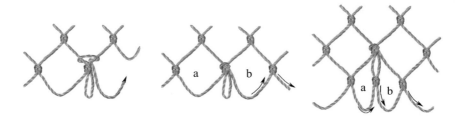

图4-2-1　半目增目法

半目增目法

2. 挂目增目法

挂目增目法是指将所要增加的网目挂于两个相邻网目之间的结节上，再在这个结节的下方做一个网结，即游离地在上线上挂目编结（图4-2-2）。其特点是增目方法比较方便，所形成的网结结型较小。挂目增目法是目前渔业上常用的网片编结方法。

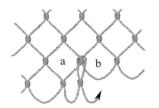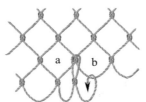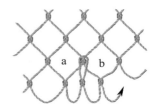

图4-2-2 挂目增目法

挂目增目法

（二）网片减目编结技术

网片减目主要有3种方法，即并目减目法、单脚减目法和宕目减目法。

1. 并目减目法

并目减目法是指当编结到所设计的网目位置时，将相邻的两个网目合并在一起进行编结（图4-2-3）。并目减目法是生产上常采用的减目编结方法。其特点是方便，可以在网片的任何位置进行，但所形成的网结比较粗大。

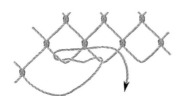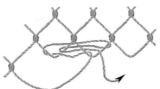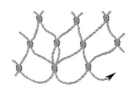

图4-2-3 并目减目法

2. 单脚减目法

单脚减目法是指当编结到网片边缘时，不再继续编结，而是在此网目的下方做一个网结，再沿着与上一列编结方向相反的方向进行编结（图4-2-4）。

图4-2-4　单脚减目法

3. 宕目减目法

宕目减目法是指在编结到某一横列应减网目的边缘时，舍去上一列末尾的一目不编，而沿着与上一列编结方向相反的方向编结（图4-2-5）。

图4-2-5　宕目减目法

五、网片增/减目的计算

通过运用各种增/减目方法，可将网片编结成以下4种基本类型：直增/减目网片、侧边增/减目网片、复合增/减目网片、横增/减目网片。要经过对渔具网衣各块网片的增/减目计算，确定增/减目形式。

（一）直增/减目网片的计算

直增/减目网片，是指增/减目在网片中间进行，并循着纵目方向形成一条或数条增/减目线。这种纵向的增/减目连线称为"道"。网片分道越多，在展开时越近似扇形，编织成的渔网在作业时越易呈圆锥形。因此，有些渔具网衣的锥形网身分道数有多至10道的，但多数渔网为4~6道。

网片增/减目的形式用增/减目周期表示。一道的增/减目周期等于一道中的增/减目的总目数与网片纵向节数之比，也称每几节增/减目，按下式计算：

$$J = \frac{T_t}{2N_n \times C} \qquad （4-2-1）$$

式中：J 为增/减目周期（目/节）；T_t 为网片增/减目总数（目）；N_n 为网片纵向节数；C 为增/减目道数。

网片纵向节数以符号 r 表示，增目以"+"号表示，减目以"–"号表示，则增/减目周期也可用下式表示：

$$J = xr \pm y \qquad （4-2-2）$$

式中：x 为网片一个周期中的纵向节数；y 为网片一个周期的横向增/减目数。

例如，$J=1/3$ 或 $J=3r\pm1$，表示每纵编3节增/减1目。$J=2/4$ 或 $J=4r\pm2$，表示每纵编4节增/减2目。

整块网片的增/减目形式可表示为"$C—n（xr\pm y）$"。其中，C 为增/减目道数；n 为一道中的增/减目次数。

例如，有一块网片的增目形式为2—50（5r+1），表示该网片分2道增目，每道中增目次数为50次，每道一次增目周期 $J=5r+1$，即每纵向5节增1目，则1道共增目50×1=50（目），该网片增目总数 T_t=2×50=100（目），网片纵向节数为50×5=250（节）=125（目）。

为使网片增/减目位置处在网片纵向的连线上，而形成增/减目的道，则每道中的增/减目周期（J）必须符合表4-2-1。若不符合，则必须通过凑乘或分拆的方法来求取。

表4-2-1　网片增/减目每道的增/减目周期（J）

J/目	$\frac{1}{3}$	$\frac{1}{5}$	$\frac{1}{7}$	$\frac{1}{9}$	$\frac{1}{11}$	$\frac{1}{13}$	…	…	J/目	$\frac{1}{3}$	$\frac{2}{4}$	$\frac{3}{5}$	$\frac{4}{6}$	$\frac{5}{7}$	$\frac{6}{8}$	$\frac{7}{9}$	…	…
一道中的基本形式									一道中的基本形式									

（二）侧边增/减目网片的计算

编结时，增/减目在侧边进行的网片称侧边增/减目网片。增/减目仅在网片一边进行，则网片呈直角三角形或直角梯形；增/减目均分在两侧进行，则网片呈正梯形；如一侧为增目，另一侧为减目，则网片呈斜梯形。网片侧边经增/减目后，可构成3种形式：全单脚边、边旁-单脚混合边、宕眼-单脚混合边。

1. 全单脚边

侧边构成一个单脚表示网片纵向1节中横向增/减半目；如侧边连续10个单脚，表示纵向10节中横向增/减5目；侧边连续n个单脚，表示纵向n节中横向增/减n/2目。故全单脚边的增/减目周期为$2r \pm 1$。

2. 边旁-单脚混合边

网片侧边构成边旁和单脚交替，形成一边旁多单脚或多边旁一单脚。在一边旁一单脚交替编结的混合边中，编结一个边旁对增/减目数无影响，仅表示纵向增加了2节（1目），而一个单脚表示纵向1节中增/减半目。故在一边旁一单脚交替编结的侧边，一个周期的纵向节数等于边旁数加单脚数的2倍，即3节；横向增/减目数等于单脚数的1/2，即0.5目。则有$J=0.5/3$或$J=3r\pm0.5$。反之，已知侧边增/减目周期，可求取边旁和单脚数：

$$边旁数=\frac{1}{2}\times纵向节数-增/减目数 \qquad （4-2-3）$$

$$单脚数=2\times增/减目数 \qquad （4-2-4）$$

因此，一个周期中的边旁数和单脚数一定为正整数，并且纵向节数大于单脚数，故在侧边边旁-单脚混合边中，其增/减目周期必符合下面规律：

$$一边旁多单脚：J=\frac{0.5}{3}，\frac{1}{4}，\frac{1.5}{5}，\frac{2}{6}，\cdots \qquad （4-2-5）$$

$$多边旁一单脚：J=\frac{0.5}{5}，\frac{0.5}{7}，\frac{0.5}{9}，\frac{0.5}{11}，\cdots \qquad （4-2-6）$$

3. 宕眼-单脚混合边

编结时，网片侧边构成宕眼和单脚形式，形成宕眼-单脚混合边。如果一宕眼两单脚交替进行，一宕眼表示横向减1目，对网片纵向节数无影响，故在一宕眼两单脚周期中纵向节数等于单脚数，横向减目数等于宕眼数加单脚数的1/2，即$1+1/2\times2=2$（目），$J=2/2$或$J=2r\pm2$。反之，在一个周期中：

$$宕眼数=横向增/减目数-\frac{1}{2}\times纵向节数 \qquad （4-2-7）$$

$$单脚数=纵向节数 \qquad （4-2-8）$$

因此，一个周期中的宕眼数和单脚数一定为正整数，并且纵向目数小于横向增/减目数时，用宕眼-单脚混合增/减目，其周期必符合以下规律：

$$一宕眼多单脚：J=\frac{1.5}{1}，\frac{2}{2}，\frac{2.5}{3}，\frac{3}{4}，\frac{3.5}{5}，\cdots \qquad （4-2-9）$$

$$多宕眼一单脚：J=\frac{1.5}{1}，\frac{2.5}{1}，\frac{3.5}{1}，\frac{4.5}{1}，\frac{5.5}{1}，\cdots \qquad （4-2-10）$$

（三）复合增/减目网片的计算

网片编结时，在中间一道增目，两侧边减目，这种网片称复合增/减目网片。在网片上有6个参数：上、下底边目数（T_1、T_2），纵向目数（N_n），两侧边减目周期（J_1、J_2），中间一道增目周期（J_3）。若已知其中5个参数，可求算另一个参数。

（四）横增/减目网片

在编结时，间隔若干纵向目数后，在同一横列上，每隔若干横目增/减1目，这种网片称横增/减目网片。横增/减目网片一般应用在某些渔网底网身中。此类网片横向增/减目间隔目数与直编底纵向目数基本一致，这样可使网片在水中扩张和受力比较均匀。

六、作业

（1）使用半目增目法，编织一块上底400目、下底600目、纵向150目的锥形网身。试分别以1道、4道、6道的方式编结此网身。

（2）使用并目减目法，编结一块纵向18 m、上底600目、下底120目、$2a=100$ mm的梯形网片。

实 验 3

渔用大网目编结技术

一、实验目的

（1）了解大网目的功能与用途。

（2）学习大网目网片的编织方法。

二、材料与工具

（一）材料

乙纶网线、乙纶绳索等。

（二）工具

剪刀、卷尺等。

三、手工艺简介

网片是网渔具的主要部件之一，而网片组成的基本单元是网目。网目（特别是大目网的网目）的形状、规格、结节结构及结节牢固程度，对渔具的捕捞性能有明显的影响。

大目网的网目一般为菱形，一个网目由4个结节和4根等长的目脚组成，要求目脚长度均匀一致、结节牢固，以保证网目的正确性和网片的强度。

网片是由网线编织的网目构成的。通常可由人工通过绕有网线的网梭和控制网目大小的目板来编织网目。小网目网片可由一人逐目编织完成。编织网线较粗且网目较大的网片，很难找到合适的网梭或目板，即使有相应的目板，也需要较大的作业空间。对于网目长10~39 m的特大网目网片，则需3~4名工人才能编织，劳动效率极低，一张特大网目的大型拖网编织往往需要15~20 d的时间。大网目网片要求用较粗的网线，编织的网片结节牢固度很难得到保证，网目容易变形，较难保持网具正常的网形，影响生产。因此，特大网目网片的编织需要运用大网目编结技术。

四、手工艺操作

（一）技术要领

将网目分解成目脚，目脚的两端插制绳套，按照设定网片网目数的2倍将目脚串套连接成长绳，再将目脚串套连接的两根长绳相向排列，按设定网目形状用添配目脚的绳套分别串套连接长绳上的对应目脚，构成设定网目。重复以上操作，形成网目连续的扎制网片。

（二）具体操作

先将网目分解成目脚，根据网目应用的网线规格和目脚长度，预制两端带有绳套的目脚，目脚1的两端插制绳套2，按照设定网片目数的2倍将目脚串套连接成长绳（图4-3-1）。再将目脚串套连接的两根长绳以W形（图4-3-2）相向排列，按设定网目形状用添配目脚51或61的绳套分别串套连接两根长绳的对应目脚，构成设定网目，如六角形网目（图4-3-3）或菱形网目（图4-3-4）。重复上述操作则形成扎制网片。

图4-3-1　相邻目脚以绳套相互连接

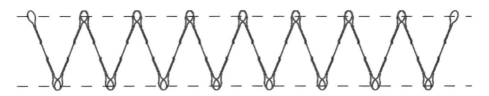

图4-3-2　半目示意图

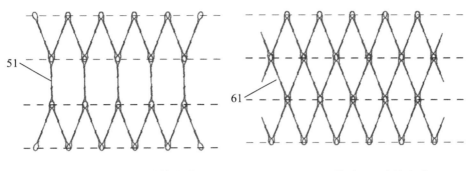

图4-3-3　六角形网目连接方式　　　　图4-3-4　菱形网目连接方式

　　当3个目脚相互连接时，如六角形网目，每个目脚的绳套同时与2个目脚的绳套串接（图4-3-5）。

　　当4个目脚相互连接时，如菱形网目，每个目脚的绳套同时与其余3个目脚的绳套串接（图4-3-6）。

图4-3-5　3个目脚以绳套相互连接的方式　　　图4-3-6　4个目脚以绳套相互连接的方式

五、作业与思考题

（1）根据大网目编结技术，编制一列大网目网片。

（2）说明大网目网片在拖网中的应用位置及其在渔业生产中的用途。

实 验 4

渔用网片剪裁技术与计算

一、实验目的

（1）学习网片剪裁的计算方法。

（2）掌握网片剪裁的技术。

二、材料与工具

（一）材料

不同规格的乙纶网片、方格纸等。

（二）工具

网梭、目板、剪刀等。

三、手工艺简介

大型网具由不同形状和网目尺寸的若干网片缝合而成。不同形状的网片可以通过手工编织而成（成本高、效率低），也可以使用机编网片按一定的剪裁方法获得（成本低、效率高）。因此，网片裁剪是网具制造工艺过程中一项非常重要的工序，对拖网来说尤其如此。网片能否正确剪裁，直接关系到渔具的质量、网形的好坏以及材料的节约等问题。

四、渔用网片剪裁技术

渔用网片剪裁技术有纵向剪裁、横向剪裁、斜向剪裁和混合剪裁4种（图

4-4-1）。

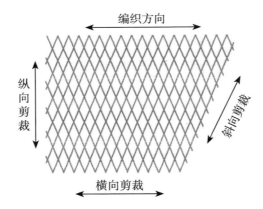

图4-4-1 纵向剪裁、横向剪裁和斜向剪裁

（一）纵向剪裁

纵向剪裁是垂直于网片编织方向的剪裁，可分为边旁剪裁和全边旁剪裁。沿网结外缘剪断纵向相邻两根目脚，称为边旁剪裁，代号为N；始终连续的边旁剪裁，称为全边旁剪裁，代号为AN（图4-4-1）。纵向剪裁时，在剪裁边上所保留的部分全部是边旁。

（二）横向剪裁

横向剪裁是平行于网片编织方向的剪裁，可分为宕眼剪裁和全宕眼剪裁。沿网结外缘剪断横向相邻两根目脚，称为宕眼剪裁，代号为T；始终连续的宕眼剪裁，称为全宕眼剪裁，代号为AT。横向剪裁时，在剪裁边上所保留的部分全部是宕眼。

（三）斜向剪裁

斜向剪裁是沿着目脚平行线方向的剪裁，可分为单脚剪裁和全单脚剪裁。沿网结外缘剪断一根目脚，称为单脚剪裁，代号为B；沿与目脚连线相平行的方向始终连续的单脚剪裁，称为全单脚剪裁，代号为AB。全单脚剪裁时，在剪裁边上所保留的部分全部是单脚。

（四）混合剪裁

混合剪裁分为边旁-单脚剪裁和宕眼-单脚剪裁两种形式。网片的剪裁边由边旁和单脚构成，称为边旁-单脚剪裁，代号为N-B（图4-4-2）；网片的剪裁边由宕眼和单脚构成，称为宕眼-单脚剪裁，代号为T-B（图4-4-3）。

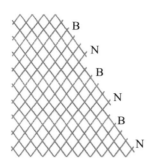

图4-4-2　边旁-单脚剪裁

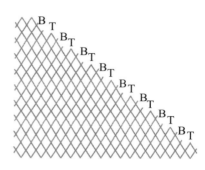

图4-4-3　宕眼-单脚剪裁

网片经过剪裁后，会形成不同的形状。经AN和AT剪裁后可形成矩形网片。根据纵横向目数的特点，网片可分为整目网片和半目网片两种类型。整目网片即网片的纵向目数和横向目数都为整数。其特征是在网片4个角上的都为边旁和单脚。半目网片即纵向目数和横向目数都带有半目，或纵向目数、横向目数其中之一带有半目的网片。经AB剪裁后，可形成等腰直角三角形网片或平行四边形网片。经N-B或T-B剪裁后，可形成不等腰直角三角形网片或梯形网片。若直角三角形的高大于底边，斜边采用N-B剪裁；若底边大于高，斜边采用T-B剪裁。

五、渔用网片剪裁计算

混合剪裁一般是有规律的，可按剪边的剪裁斜率和剪裁循环来进行。剪裁斜率与剪裁循环的换算关系如下：

$$R=N_n/T_t \tag{4-4-1}$$

式中：R为剪裁斜率；N_n为剪边的纵向目数；T_t为剪边的横向目数。

当$N_n>T_t$时，为N-B混合剪裁循环，公式为$C_n=（N_n-T_t）N（2T_t）B$，即剪

裁循环由边旁和单脚组成，纵向目数由边旁和单脚共同实现，横向目数由单脚实现，且边旁的数量$N=N_n-T_t$，单脚的数量$B=2T_t$。

当$N_n<T_t$时，为T-B混合剪裁循环，公式为$C_t=（T_t-N_n）N（2N_n）B$，即剪裁循环由宕眼和单脚组成，纵向目数由边旁实现，横向目数由宕眼和单脚共同实现，且宕眼的数量$N=T_t-N_n$，单脚的数量$B=2N_n$（图4-4-4）。

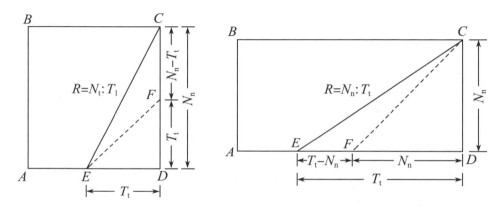

图4-4-4　剪裁斜率换算示意图

网片经一次剪裁后，如剪边两侧的边旁或宕眼与单脚的排列次序呈反向相同，则为对称剪裁。网片对称剪裁有利于节约用料和工时，有利于剪裁边的均匀缝合和作业中网衣受力均匀，但在剪裁前必须经过严密的计算，并严格按计算的结果进行剪裁。

剪边实施对称剪裁前，要根据剪边的剪裁斜率和纵向目数进行对称排列，其方法如下：

N-B混合剪裁：$N\dfrac{x}{2}\bigg|$对称排列的剪裁循环组$\bigg|_n\dfrac{x}{2}B$ 　　　　（4-4-2）

T-B混合剪裁：$N\dfrac{x}{2}\bigg|$对称排列的剪裁循环组$\bigg|_n\dfrac{x}{2}BBB$ 　　　（4-4-3）

式中：N为一个边旁；B为一个单脚；n为对称排列的剪裁循环组数；x为余目数（可以是N或B或其组合）。

对称排列的剪裁循环组数（n）可根据下式计算：

$$n = \frac{N_n - N_f}{N'_m} \quad \cdots\cdots x \qquad (4-4-4)$$

式中：N_n为网片纵向目数；N_f为排列式中固定排列的纵向目数；N'_m为一次循环组中的纵向目数；x为余目数。

六、操作要领

（1）判断网片的方向，用AN、TN按所需的纵向、横向目数剪裁网片。在对称剪裁时，纵向目数要正确，一般都带有半目数。

（2）剪边旁时，应在网结纵向的左右剪断相邻两根目脚，且剪在目脚中间，以免网结松散。

（3）剪宕眼时，可靠近网结横向上缘或下缘剪断相邻两根目脚，网结线头可剥去。

（4）剪单脚时，应剪在目脚中间，以免单脚处网结松开。

（5）对有斜率的剪边应注意剪裁方向，尤其是对称剪裁，其排列一般按剪边与横向夹角为锐角边方向剪裁。如图4-4-5所示，其中（1）为1N6B、1N6B、1N7B，按锐角边方向，第一个N应落在左边网片上，接着剪B的时候也要向左剪；（2）与（1）同样排列，但第一个N落在右边网片上，接着剪B的时候也要向右剪。又如图4-4-6所示，其中（1）为1N2B、2（1T4B）、1T5B，剪1N2B落在左边网片上，接着剪T和B同样应留在左边网片上；（2）与（1）相反，N、B、T都应留在右边网片上。

（6）当几块网片联合对称剪裁时，先要绘制剪裁计划图，要在图上标出各条剪边的剪裁方向、对称剪裁循环、各块网片横向目数和网料的四角形式（N或B）。同时要计算网料的横向目数并标注在图上。计算时，注意每剪一条剪边，网料横向损失半目，每横向拼缝一次则增加半目。

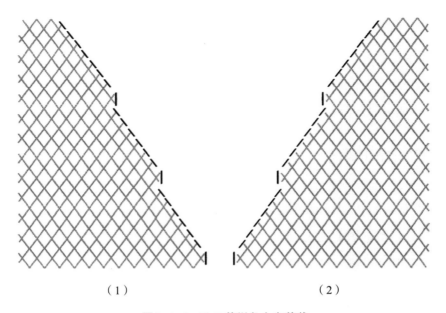

（1）   （2）

图4-4-5　N-B剪锐角方向剪裁

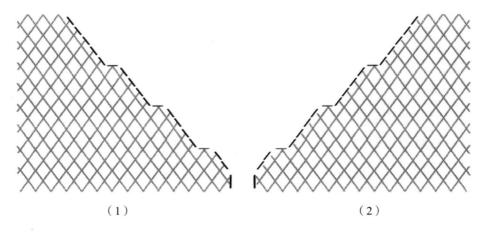

（1）   （2）

图4-4-6　T-B剪锐角方向剪裁

七、作业

运用联合对称剪裁方法，剪出如图4-4-7所示的网片各2块。要求如下：

（1）计算剪4块网片所需的网料。

（2）绘制剪裁计划图。

（3）按剪裁计划图剪裁出网片。

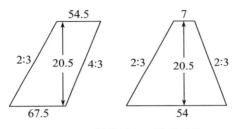

图4-4-7　斜梯形和正梯形网片

实验 5

渔用网片缝合技术

一、实验目的

（1）练习网片缝合技术。

（2）学习网片缝合的计算方法。

二、材料与工具

（一）材料

乙纶网片、乙纶网线、绳索等。

（二）工具

网梭、剪刀等。

三、手工艺简介

按照渔具的设计要求，需要将规格不同、形状各异的网片通过一根缝线（网线）连接成网衣，这种连接网片的工艺称为网片缝合。根据渔具部位和工艺要求的不同，网片缝合的方式可分为编缝、绕缝和活络缝。

编缝是指在网片的边缘用编结半目的方法将两块网片纵向或横向连接起来。若两块网片边缘网目数相同，则为等目编缝，否则为不等目编缝。不等目编缝需要进行缝合比计算。

绕缝是指用缠绕的方法将两块网片连接起来。

活络缝是指用活络结将两块网片连接起来。这种缝合方式有利于拆卸，方便生产。拖网网囊取鱼口的缝合就采用活络缝。

四、手工艺操作

（一）编缝

为了使两块网片均匀缝合，需要将缝合边分组。每组缝合边对应目数或对应尺寸的比例关系，用少目边目数对多目边目数或短缝边拉直尺寸对长缝边拉直尺寸的比率，即缝合比（俗称"吃目"）表示。等目编缝时，缝合比就是1∶1；不等目编缝则需进行计算，以便将多余的目数均匀地分配到少目边中。

1.等目编缝

等目编缝，即一目对一目编缝。缝合时，将两块网片边缘网目凹凸相对，在其中一块网片边缘两端各留一个单脚，作为缝线的起点和终点。纵向等目编缝时，开头与结尾各做一个双死结，中间部分做左、右边旁结（图4-5-1）。横向等目编缝时，开头与结尾各做一个双死结，中间部分做上、下宕眼结（图4-5-2）。

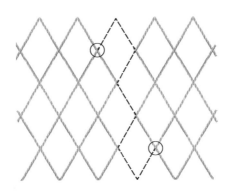

图4-5-1　纵向等目编缝

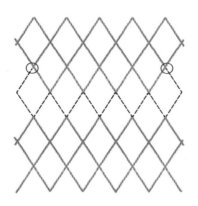

图4-5-2　横向等目编缝

2. 不等目编缝

不等目编缝缝合比的计算可采用最小简约数法。例如，两块网片缝合时，其中少目边为300目，多目边为400目，则其缝合比为3：4，即以少目边3目、多目边4目进行缝合，共进行100次，即可将两边均匀缝合。但实际情况往往没有如此简单，例如少目边为300目，多目边为413目，就无法利用最小简约数求得缝合比。因此，需要通过一定的计算求缝合比。

在计算缝合比前应当了解，由于缝线起编和收编也就是缝线起点和终点位置的不同，计算法亦有所差异。起编和收编的位置可分为两种情况：①"单起单落"，即单脚起编，到另一端的单脚收编（图4-5-3）；②"双起双落"，即边旁起编，至另一端的边旁收编。实际制作中，以"单起单落"使用最多，其计算方法如下。

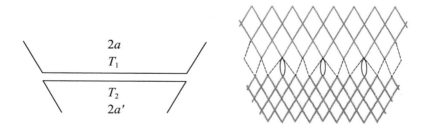

图4-5-3　不等目编缝

（1）根据下式计算需要缝合的两块网片对应网目数量的差：

$$n=T_1-T_2 \qquad\qquad （4-5-1）$$

式中：n为需要缝合的两块网片对应网目数量的差；T_1为需要缝合的两块网片中多目边的目数；T_2为需要缝合的两块网片中少目边的目数。

（2）将n目均匀编缝到少目边中，可将少目边分成$n+1$段，计算商和余数。计算方法如下：

$$\frac{T_2}{n+1}=x\cdots\cdots c \qquad\qquad （4-5-2）$$

式中：x为少目边的目数与$n+1$的商；c为少目边的目数与$n+1$的商的余数。

（3）由差值n、商x和余数c计算缝合比。

若$c=0$，则

$$i=\frac{T_2}{T_1}=\frac{x（n+1）}{x（n+1）+n}=\frac{nx+x}{n（x+1）+x} \qquad\qquad （4-5-3）$$

式中：i为缝合比。

进行拆分：① x：（$x+1$）编结n次；② x：x编结1次。

若$c\neq0$，则需要将剩余的c目再次均匀分配到每组目数中，应当用n次x：（$x+1$）减去c目，因此

$$i=\frac{T_2}{T_1}=\frac{x（n+1）+c}{x（n+1）+c+n}=\frac{（n-c）x+c（x+1）+x}{（n-c）（x+1）+c（x+2）+x} \qquad\qquad （4-5-4）$$

进行拆分：① x：（$x+1$）编结（$n-c$）次；②（$x+1$）：（$x+2$）编结c次；③ x：x编结1次。

不等目编缝的方式有上行挂目、下行挂目和并目3种（图4-5-4）。一般根据缝合比从少目边一端单脚起头，到另一端单脚结束。缝合时也可两人分别从两端单脚起头，向网片中间缝合。

3.编缝做结技术

编缝时，用缝线把上、下宕目相缝合，或把左、右边旁相缝合，即编缝做结。编缝做结的几种方法如图4-5-5所示。

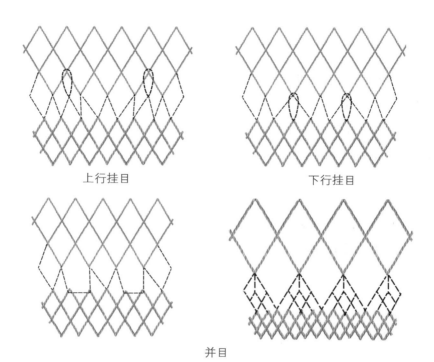

上行挂目 下行挂目

并目

图4-5-4 不等目编缝

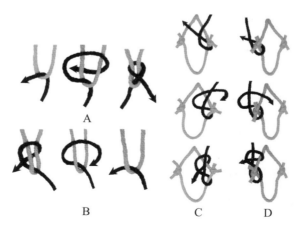

A. 从左至右在宕目上做单死结；B. 从右至左在宕目上做单死结；
C. 左边旁做结；D. 右边旁做结

图4-5-5 编缝做结

（二）绕缝

绕缝时，做结不必太严格，起头时用网梭穿过网目打一个双死结，然后依次绕过网目，每隔一定距离打一半结，到结尾再打一个双死结。按绕缝方向，绕缝可分为纵向绕缝、横向绕缝和剪裁边绕缝。

1. 纵向绕缝

沿着网片高度方向的缝合叫作纵向绕缝。纵向绕缝分为半目绕缝、一目绕缝和多目绕缝（图4-5-6）。

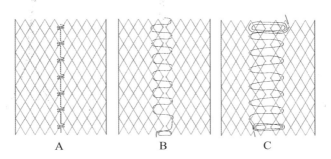

A. 半目绕缝；B. 一目绕缝；C. 多目绕缝

图4-5-6　纵向绕缝

2. 横向绕缝

沿着网片宽度方向的缝合叫作横向绕缝。横向绕缝分为一目对一目绕缝和吃目绕缝（图4-5-7）。

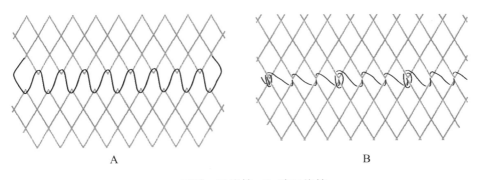

A. 一目对一目绕缝；B. 吃目绕缝

图4-5-7　横向绕缝

3. 剪裁边绕缝

用缠绕的形式把两个剪裁边缝合在一起，即剪裁边绕缝（图4-5-8）。这种工艺形式在拖网装配过程中使用最多，通常要求缝合后的形式与原来剪裁边的形式一致。

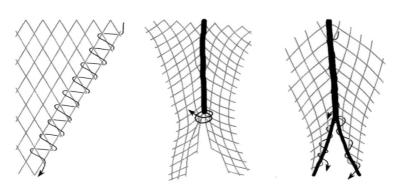

图4-5-8　剪裁边绕缝

> **注意**
>
> 　若两块网片边缘目数和网目尺寸相同，则将两边网目对齐绕缝。若两块网片边缘目数不等而拉直长度相同，则按拉直长度绕缝。当拉直长度不等时，则把长网片缝缩到短网片上去，缝合比不甚严格，缝合均匀即可。

（三）活络缝

活络结是指用缝线做成互相圈套的线圈形成的结节。

缝合时，将缝口的一端用缝线扎住，将缝线做成活线环，穿入第一组相对应的网目，然后将缝线做第二活线环，穿入缝口第二组网目和第一个活线环，并拉紧第一个活线环。依此类推，直至最末端将缝线穿入最后一个活线环（图4-5-9）。需解开时，只要将缝线末端从最后一个活线环中解出，用力抽拉，即可迅速解开。

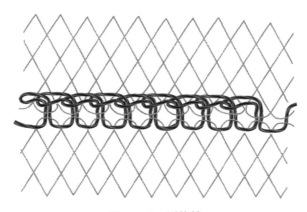

图4-5-9　活络缝

五、作业

（1）需要编缝的两块网片的网目数分别为37目和56目，计算这两块网片的缝合比。

（2）用编缝法分别沿着两块网片的横向和纵向进行缝合（横向和纵向的网目数至少20目）。

（3）用绕缝法缝合两块网片（纵向目数为40目）。

（4）用活络缝法缝合两块网片（横向目数为20目）。

实 验 **6**

渔用网衣缝合技术

一、实验目的

（1）学习渔具网衣破损的形式和修剪方法。

（2）掌握两种渔具网衣修补方法。

二、材料与工具

（一）材料

乙纶网片、乙纶网线等。

（二）工具

网梭、目板、剪刀等。

三、手工艺简介

在渔业生产过程中，渔具网衣破损是一种常见的现象。根据破损的程度，渔具网衣破损分为局部破损和大面积破损，需采用相应的措施进行修补。渔业工作者需要熟练掌握网衣修补技术，以保障渔业生产的顺利进行。可以说，渔具网衣修补技术具有重要的经济意义。

渔具网衣修补一般分为3个步骤：① 观察网衣的破损情况（如破洞、裂缝、斜边破裂程度），并加以适当的修剪；② 根据破洞的形状和大小来确定修补方法；③ 运用选定的修补方法进行修补。

网衣修补方法一般有编补和嵌补两种。前者适用于有小型破洞或弯曲的狭长裂缝的网衣修补，后者适用于有大型破洞的网衣修补。

四、手工艺操作

（一）编补法

采用编补法修补网衣，应先修剪破洞，再编补。技术要领：先修剪破洞边缘，并在破洞的开头和结尾部分剪成一个单脚，上、下边剪成边旁或宕眼（图4-6-1A）。再按编结网的方式与顺序，在破洞的开头、结尾部分做单脚结，左、右边作边旁结，上、下边做宕眼结，编结到底即可（图4-6-1B）。

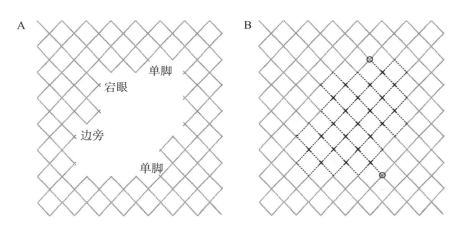

A. 破洞的修剪；B. 破洞的编补

图4-6-1 网片破洞周围的修剪和编补

（二）嵌补法

嵌补法是指用一块新网片把破洞修补起来。

嵌补法的技术要领如下：

（1）将破洞修剪成整齐的矩形，横向边缘的网目都修剪成宕眼，纵向边缘的网目都修剪成边旁（图4-6-2）。

（2）剪一块新网片，其纵向、横向网目均比需修整的破洞的纵向、横向网目少1目。将这块新网片嵌补在破洞中，用与编缝相同的方法，将嵌补的网片与破洞的四周缝合起来（图4-6-3）。

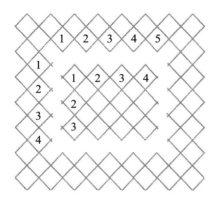

图4-6-2　嵌补法网片的修剪

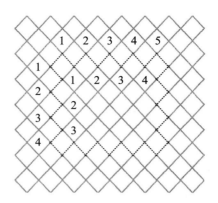

图4-6-3　嵌补法网片的缝合

注意

　　嵌补的新网片的材料、规格和使用方向须与原网片的一致，且所采用的网线的规格、新编结网目规格和结节形式也要与原网片的一致。

（三）编补做结技术

1. 活结网片

活结网片修补时的做结步骤如图4-6-4所示。

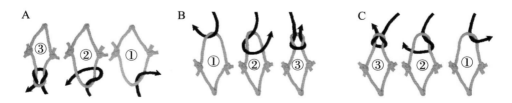

A. 自右至左（上端做结）；B. 自左至右（下端做结）；C. 自右至左（下端做结）

图4-6-4　活结网片上、下端的修补做结

2. 死结网片

死结网片修补时的做结步骤如图4-6-5所示。

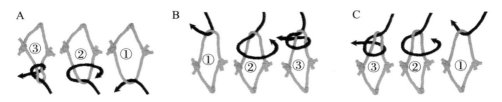

A. 自右至左（上端做结）；B. 自左至右（下端做结）；C. 自右至左（下端做结）

图4-6-5　死结网片上、下端的修补做结

3. 网片侧边修补

网片左侧边、右侧边的修补做结方法见图4-6-6、图4-6-7。

图4-6-6　网片左侧边的修补做结的两种方法

图4-6-7　网片右侧边的修补做结的两种方法

五、注意事项

（1）在修补前要认清渔具网片的纵向、横向，将网片纵向拉直，再修剪破洞边缘。

（2）应在原破洞的基础上修剪，不应过多扩大破洞，以免浪费时间和材料。

（3）补网所用的网线应与原网衣上的网线材料、规格等一致。

（4）修补时，编织的网目大小、网结形式也应与原网衣保持一致。在起点与终点可打双死结，以免网结松散。

六、作业

（1）在旧网衣上任意剪出2~3个形状不同的破洞，用编补法修补。

（2）在旧网衣上剪出一个较大的破洞，用嵌补法修补。

实 验 **7**

绳索结接技术

一、实验目的

（1）学习绳索插接和眼环制作技术。

（2）学习绳索与其他物体的结缚技术。

二、材料与工具

（一）材料

三股乙纶捻绳（直径10 mm，图4-7-1）。

图4-7-1　三股乙纶捻绳

（二）工具

剪刀、绳锥（亦称孟林司板）、绳槌等。

三、手工艺简介

在渔具制作和渔业生产中，为了增加绳索的长度，或将绳端（图4-7-2）与绳索中间部分相连，或将绳索结缚到其他物体上，或防止绳端松散等，

图4-7-2　绳索各部位名称

需要在绳索本身、绳索与绳索、绳索与其他物体以及绳端做各种形式的结，这就是绳索结接技术。绳索结接技术在生产、检测和日常生活中应用十分广泛。

绳锥亦称孟林司板，其形状有圆锥形、扁锥形等。当进行绳索插接、眼环制作或绳端打结时，可用绳锥扩大绳股之间的空隙，以便穿插绳股。绳锥一般用硬木或钢铁制成。木制绳锥多用于纤维绳索的结接，钢铁制绳锥多用于钢丝绳的结接。

四、手工艺操作

（一）绳索一端做结

1. 单结

单结是所有绳结的基本结。做结时，绳端先弯曲置于主绳上，再绕到主绳下方，并由下自上穿过绳索构成的圆圈，最后拉紧即可（图4-7-3）。单结的主要作用是防止滑动或防止绳端松散，其缺点是在打结太紧或绳索被弄湿时很难解开。

图4-7-3　单结制作

单结

2.绳端结

绳端结有多种，在渔业生产中采用较多的主要有以下两种做结方法。

（1）方法一：做结时，先将绳端的绳股散开，把中间一股弯成半圈，继之将左股绕过中股，再将右股压住左股，从中股的半圈穿出，最后将各股抽紧，顺次向下穿插2~3次，剪去各股的余端即成（图4-7-4）。这种方法打出的结平整、美观，且不增加绳索的粗度。

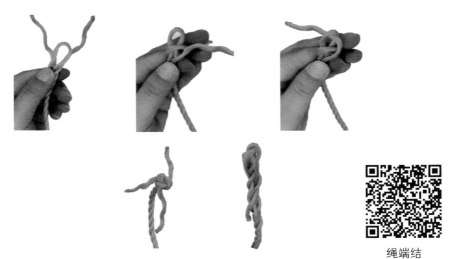

绳端结

图4-7-4　绳端结制作

（2）方法二：做结时，先将绳端的绳股散开，各自构成半圈后，相互交叉穿结起来，抽紧后，再重复交叉2次以上即可（图4-7-5）。该结亦叫"海胆结"，较为粗大。

图4-7-5　海胆结制作

3. 八字结

八字结打好后呈"8"形，因而得名。做结时，先将绳端交叉，绳端绕过主绳自上而下穿过绳圈，拉紧即可完成（图4-7-6）。若绳子比较细，则将绳端对折，把对折部分转两圈，绳头穿过绳圈，拉紧可完成八字结。八字结的主要作用是防滑。

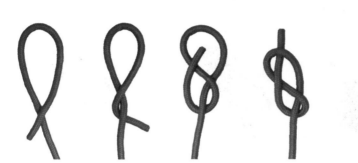

八字结

图4-7-6 八字结制作

4. 眼环

眼环用于在绳端做套环或嵌心环。三股捻绳眼环制作的技术要领：在距绳端4~6倍于绳周长的长度处，用细线扎紧，解开各股（称为活股），并将各股端用细线扎紧。在距各股散开点之后一定距离（该距离等于眼环周长）处选定根股，用绳锥撬开根股，先将中间的一股从根股的下方穿过，再将右边一股压过该根股，在第二根股的下方穿过，左边的活股从第三根股的下方穿过，各股都是逆着绳的捻向穿插，将各股收紧。各股再按顺序逆根股搓纹压一股、穿一股，插两道即成，最后剪去露出的余端（图4-7-7）。

如果需要嵌心环，应先把心环安置在绳环中，使绳子贴紧心环的凹槽，并用小绳扎紧，然后按眼环的制作方法插编。注意及时收紧各股，使心环锻紧在绳环中（图4-7-8）。

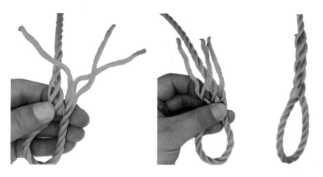

三股捻绳眼环

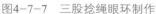

图4-7-7　三股捻绳眼环制作

图4-7-8　眼环中嵌心环

（二）绳索与绳索做结

1.打结法

（1）活结，又称平结。做结时，将两条绳索的绳端相对并互相交叠，使两绳端各向其本身弯曲，再将一绳端穿入另一绳端的弯曲圈内，最后拉紧两绳端的弯曲部分即可完成（图4-7-9）。

（2）缩帆结。为了便于绳索与绳索间连接的解开，将两绳索的绳端相对并互相交叠，其中一绳端对折后穿入另一绳端的变曲圈内，拉紧即成缩帆结（图4-7-10）。

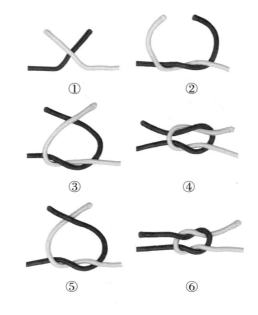

活结

图4-7-9　活结

缩帆结

图4-7-10　缩帆结

　　（3）单死结与双死结。绳索与绳索间做结时，先将一绳端弯曲成绳环，将另一绳端自环下向上穿过，并绕过绳环外面一周，再从上向下穿入绳环，拉紧即成单死结（图4-7-11）。如果绕过绳环外面两周，则成双死结（图4-7-12）。

　　（4）半结，又称"小猫索结"。在粗绳端打活结或死结较困难时，可用半结来代替。半结做结法有多种。一种是将两条绳的绳端交叉后，各向其

图4-7-11 单死结　　　　图4-7-12 双死结

单死结与双死结

本身弯曲并互相套圈，打成两个半结后，再用细绳把绳端扎缚在本身上即成（图4-7-13A）。另一种是先将甲、乙两绳的绳端适当长的部分相并列，将甲绳绳端的一部分环绕乙绳做3~6个半结，并将该绳端扎缚在乙绳上，然后用同样的方法将乙绳的绳端在甲绳上做3~6个半结，并将该绳端扎缚在甲绳上，使两条绳索连接起来（图4-7-13B）。

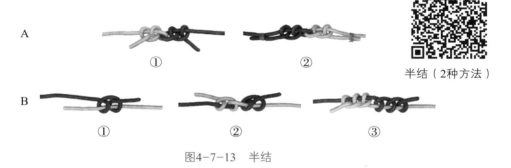

A
①　　　　　　　②

半结（2种方法）

B
①　　　　　　　②　　　　　　　③

图4-7-13 半结

（5）鱼结，又称"友谊结"（图4-7-14）。鱼结一旦勒紧，就不易解开，故可用作永久性结合。合成纤维湿滑，两根绳索绳端相连的结节往往容易脱开；如果打成鱼结，用力较大时也不易脱解。

图4-7-14 鱼结

鱼结

（6）双花大绳结（图4-7-15）。双花大绳结可用来连接粗细不同的绳索或两条粗大的绳索。

① ②

图4-7-15　双花大绳结

双花大绳结

2. 眼环连接法

眼环连接法简便、灵活，故在渔业中应用最广。使用眼环连接法，必须先将两条绳索的端部制成眼环，再连接。眼环连接法主要分为穿套眼环连接法、眼环用卸扣连接法两种。

穿套眼环连接法是将甲、乙两绳的绳端互相穿入对方的眼环中，拉紧即成（图4-7-16）。穿套眼环连接法连接简易，但连接长绳时，脱解不方便。

眼环用卸扣连接法是在两个眼环间用一圆头直形卸扣进行连接（图4-7-17）。用该法连接绳索时，将两绳索绳端眼环套入卸扣的弯曲部分，用销子封锁卸扣的钳头，旋紧螺丝即成。两绳需要脱解时，只需旋下卸扣上的销子。眼环用卸扣连接法既易连接，又易脱解，故为大型网具所采用，只不过需在眼环内嵌入金属套环，以防止眼环磨损。

图4-7-16　穿套眼环连接法　　　　　图4-7-17　眼环用卸扣连接法

3. 绞接法

连接两条绳索时，还可以采用将各股互相穿插或缠合的方式，即绞接法。常用的绞接法有短绞接、长绞接两种。

（1）短绞接，又称插接。绞接时，先将A、B两绳索绳端的各股解开4~6倍周长的长度，用线将绳股和各股的端部分别扎紧，然后使两绳索绳端的各股互相交叉、压紧。把A绳绳端的各股放在B绳上，以B绳的相反捻向压一股、穿一股，拉紧、敲平，每一股至少穿3次（"插三花"），剪去剩余的股端。再按同样的方法，将B绳绳端的各股在A绳各股间穿插即成（图4-7-18）。

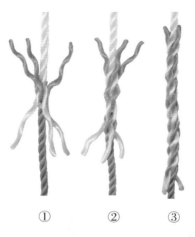

① ② ③

短绞接

图4-7-18　短绞接

（2）长绞接。为了减小两条绳索绳端连接时插接部分的粗度，使绞接后的绳索能在滑车中顺利通过，常采用长绞接。绞接时，先将A、B两条绳索的绳端各解开适当长度，使各股互相交叉、压紧。将A绳上的一股解开适当的距离，使B绳的一股沿着A绳解开一股的螺旋位置嵌入，在这两股的接头处做一平结。按同样的方法，将B绳的一股解开适当的距离，使A绳的一股嵌入其螺旋位置。最后，将两条绳索的第三对股在原位置连接起来，钳去各股端的剩余部分即成（图4-7-19）。

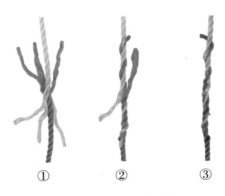

①　　　②　　　③

图4-7-19　长绞接

（三）绳索与其他物体的结缚

1. 双套结

双套结可用于重物的捆绑吊装。其做结方法简单，可以在绳索中间打结。做结时，将绳索对折，绳圈后拉形成两个绳圈，两个绳圈向后叠放即成（图4-7-20）。

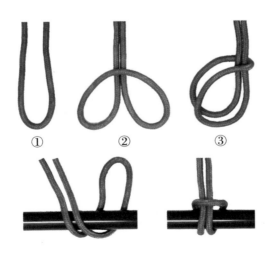

①　　　　②　　　　③

双套结

图4-7-20　双套结

2. 梯形结

梯形结又称八字结，可以在绳索中间打结。做结时，将绳索主绳分别上下旋转形成两个绳圈，将这两个绳圈上下叠放，其中绕过主绳上方形成的绳圈叠放在下方，即可形成梯形结（图4-7-21）。梯形结可以套缚在其他物体上用作绑扎，制作简单快捷。若在一个梯形结下方再作一绳圈继续叠放，形成3个绳圈，则制成双梯形结或双八字结（图4-7-22）。梯形结的特点是即使两端拉得很紧，也可以轻松解开。

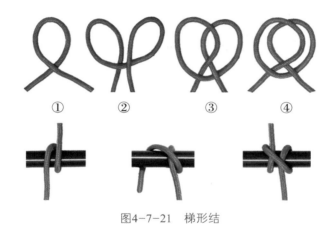

① ② ③ ④

图4-7-21 梯形结

图4-7-22 双梯形结

梯形结与双梯形结

3. 水手结

水手结又叫作称人结。此结的绳圈不会因受拉力而变小或勒紧，应用场景比较多，尤其在起重作业中使用较多，可用于起吊人员、重物，拖拉设备和系挂船只（图4-7-23）。

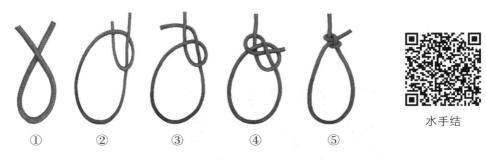

水手结

图4-7-23　水手结

4. 双套水手结

双套水手结又称双环套、双环扣、双绕索结，可在绳索的中间打结，构成两个绳环的结。双套水手结有两个绳环，因此在捆绑重物或人时会更安全。双套水手结的打法有3种（图4-7-24～图4-7-26）。

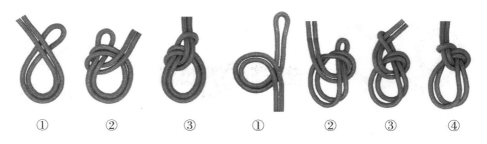

图4-7-24　双套水手结（方法一）　　　图4-7-25　双套水手结（方法二）

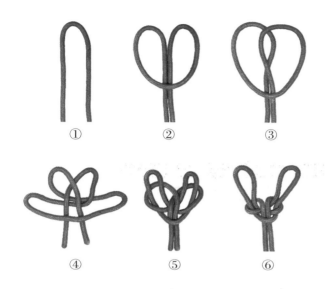

双套水手结
（3种方法）

图4-7-26　双套水手结（方法三）

5. 钩结

钩结的用途是将绳端系挂在滑车的铁钩上以提升重物。做结时，绳索对折形成绳圈，绳圈向下翻形成两个绳圈。形成的两个绳圈分别向外旋转一圈，再向旋转的方向并拢叠放，最后挂在钩上，拉紧即可（图4-7-27）。

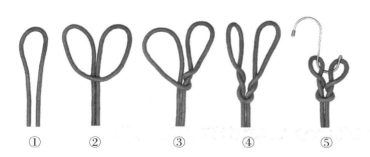

钩结

图4-7-27　钩结

6. 圆材结

绳索的一端要迅速而暂时地系缚在圆材上时，可采用圆材结。做结时，绳端绕过圆材形成绳圈，再绕过主绳，穿过绳圈，在绳端侧的主绳上绕两圈，拉紧即成（图4-7-28）。如果需要拖引或起吊圆材，可在此基础上，隔一段距离，再以绳索绕圆材打一个半结，形成拖木结。

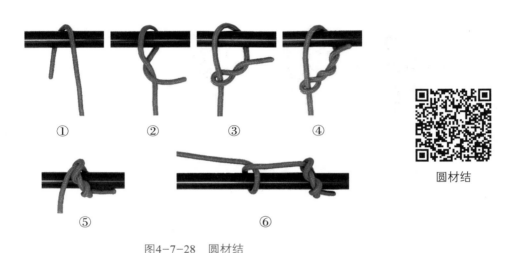

圆材结

图4-7-28　圆材结

7. 小艇结

小艇结是在拖带小艇时用以系缚绳索的打结方法，制作方法见图4-7-29。当需要脱解绳索时，将活绳端抽出即可。

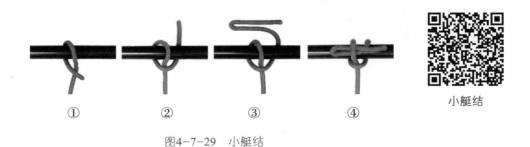

小艇结

图4-7-29　小艇结

五、作业

（1）进行三股绳短绞接和长绞接各两次。

（2）进行三股绳和六股钢丝绳眼环的制作各两次。

（3）进行水手结、双套水手结、钩结、圆材结、小艇结的做结练习。

第五部分

渔业生产实习篇

实习1 单船底拖网渔船生产技术实习

实习2 单船底拖网渔获物处理实习

单船底拖网渔船生产技术实习

一、实习目的

（1）了解渔用设备的使用。

（2）熟悉底拖网渔船的结构特征和用途。

（3）学习单船底拖网生产技术。

二、实习渔船

单船底拖网渔船。

三、实习简介

渔船是渔业生产中最重要和最昂贵的设备，其性能的优劣直接影响渔获效率和生产成本，因此，网具设计者和操作者必须了解渔船的性能，以发挥渔船应有的效率并节约能源，同时也为新渔船的设计与建造提出合理的要求和改进建议。

单船底拖网作业渔船应满足以下条件：① 具有足够大的拖力，以保证必要的拖网速度；② 具备良好的稳定性、抗风浪性、续航力和经济性；③ 具备适合的捕捞机械设备、渔获物保鲜设备、助航设备、助渔设备、通信设备等；④ 船尾具备网板架，供系挂网板用。

单船底拖网作业方式有舷拖、艉拖之分。舷拖作业指起放网具在船舷一侧和前甲板进行。目前，此作业方法基本已被淘汰。艉拖作业指起放网具在船尾进行。渔船尾部为艉滑道结构，两侧设有网板架。作业时，通过艉滑道起放网具。此方式操作更为简单，是目前沿海国家单船底拖网的主要作业方式。本实习也采用艉拖作业方式。

四、实习内容

（一）出航前的准备与中心渔场的判定

1. 出航前的准备

渔船出航前注意事项：① 收听海上气象预报，掌握航行、作业海域的天气情况；② 检查航海仪器设备；保证其正常运行；③ 了解附近各个渔场的渔船生产情况，确定航行目标。

2. 中心渔场的判定

需要根据现场生产情况、对渔场环境因子的监测和分析来判定中心渔场。

（1）根据现场生产情况判定。主要根据本船的生产情况判定。如果渔获物质量较好，生产稳定，渔获物中的鱼类规格比较均匀，则现场为中心渔场，应就地抓紧生产。还可以将本船的生产情况与本船历史情况或其他拖网船的生产情况做比较。

（2）根据渔场水温、水深和盐度判定。海洋生物特别是鱼类、虾类有一定的温度、盐度适应范围。水深是鱼类栖息的一个重要环境条件，不同鱼类对栖息水深有不同的要求，同一种鱼类的不同生活阶段也常有不同的栖息水深要求。因此，监测渔场水温、水深和盐度对分析和掌握中心渔场十分重要。

（3）根据海底地形、底质和底栖生物判定。复杂的地形易改变海流的流向、流速，形成涌升流、涡流等对鱼类有利的特殊栖息环境，从而形成良好的渔场。一般来说，水较浅、坡度不大的大陆架，大陆斜坡的水下高地，水下山脉，群岛周围和珊瑚礁等特殊地形，常常能形成良好的渔场。

（4）根据饵料生物判定。丰富的饵料生物往往是渔场形成和发展的重要条件。要用专门的设备和方法调查饵料生物情况，也可以通过对捕捞对象的生物学测定间接判断饵料生物情况。

（5）根据渔获物中鱼类的胃含物判定。鱼类的胃含物饱满，说明渔场稳定。

（二）单船底拖网生产技术

1. 网具系统的连接

单船底拖网拖曳时，网具系统的连接方式如图5-1-1所示。曳纲后端的G型钩扁环与G型钩相连；网板叉纲引纲端部的G型钩与可在手纲上滑动的G型钩8字扁环相接；游纲前端的G型钩挂于网板引链上的G型钩扁环上，后端通过卸扣与手纲相接。拖曳时，游纲不承受来自手纲的拉力。

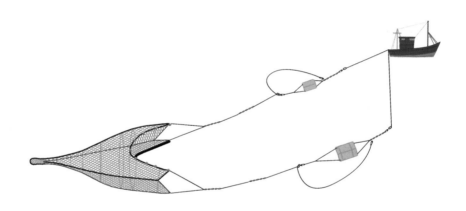

图5-1-1　单船底拖网的网具系统连接

2. 放网前的准备

放网之前网具系统的连接与拖曳时稍有区别，即游纲前端的G型钩与曳纲末端的扁环连接，而G型钩和G型钩扁环荡空，G型钩与G型钩8字扁环脱离。曳纲、游纲、手纲和空纲均卷入绞纲机绳索滑筒。网具的各部分按下水的先后次序堆放和折叠，网囊置于艉滑道口以便甲板人员将其抛入水中。结构笨重的网囊需采用专用的吊钩和尾部绞机拉入水中。网板挂于网板架或艉门桄上，网板引链穿过挂于网板架或艉门桄上的滑轮；网板叉纲和网板叉纲引纲置于甲板的两侧。

3. 放网

当渔船选择好放网地点和确定拖向后，半速前进，驾驶员下令放网。船尾的工作人员将网囊从艉滑道抛入海中，水的阻力随后将网身、沉子纲、网袖和中纲拖入水中。此时浮子应均匀排列于水面，否则说明网具纠缠，应收回处理。然后继续松放手纲，当G型钩8字扁环从绞纲机松出并到达甲板的中后部时，两名甲板工作人员分别将叉纲引纲G型钩与G型钩8字扁环连接。继续慢速松放手纲，使卸扣与G型钩8字扁环接触，此时网板叉纲引纲受力，曳纲和游纲松弛。将G型钩与曳纲脱离，并与网板引链上的扁环连接，将G型钩与G型钩扁环连接。然后绞收曳纲使曳纲受力，并摘除固定网板的网板钩，使网板处于可随时松放的状态。

松放网板时快速前进，同时将两网板徐徐放入水中，使网板的上缘恰好露出水面，两网板受水流冲击左右分开。确认两网板未纠缠后，继续松放曳纲。曳纲的第一个记号（50 m）到达网板架滑轮时，绞纲机停顿10 s左右以使网板充分张开。为了使两网板平齐，每当曳纲上50 m记号到达网板架滑车时，都令绞纲机停顿数秒（操作熟练后，不必严格按照每50 m就停顿绞纲机的要求操作）。曳纲松放完毕后，锁定绞纲机，并转为拖网船速。

4. 拖曳

单船拖网拖曳时间根据渔场范围和渔获物数量而定，通常为1.5~3.0 h。在拖曳过程中，驾驶室的值班人员除了完成正常的避让、定位和记录外，还要注意判断网板是否倾倒、网具是否钩挂障碍物。拖曳时尽量避免改变方向；如需改变方向，应以小舵角、大回转半径转向。

拖曳时两曳纲应左右扩展一定的角度。当一网板倾倒后，与其相连接的扩展角度必定减小，可由此判别网板是否倾倒，但要将其与流压造成的曳纲扩展角度减小相区别。横流拖网时可使一曳纲的扩展角度减小，但另一曳纲的扩展角度必定增大。在证实网板倾倒时应起网。

在障碍物较多的海区拖曳时，要利用雷达、卫星导航仪等定位仪器勤测船位，避开障碍物。同时，应时刻注意拖速仪（一般用计程仪）的读数，当拖速明显下降时应立即停车起网，因为此时多半钩挂障碍物，停车可避免拉断曳纲或严重撕裂网具。缺少拖速仪的渔船可在驾驶室一侧悬挂一重物于水中，悬线与铅垂线之间维持一定的夹角，当遇障碍物船速明显降低时，夹角减小。对于装有曳纲张力仪的大型渔船，当拖曳到障碍物时，工作人员能及时接收到报警。

5. 起网

起网时渔船应减速慢行，同时绞收曳纲。当网板即将出水时，绞纲机绞收速度应降低，以免过度绞收，损坏曳纲和连接件。当网板引链通过艉门槛滑轮时，绞纲机应迅速停绞和刹车，用网板钩固定网板，随之松开绞纲机刹车器使曳纲松弛并倒拉出2~3 m长的曳纲，以便分离曳纲和网板，并将游纲端部的G型钩与曳纲连接。此时游纲被移入艉滑道，游纲、手纲、空纲和网具均经艉滑道进入甲板。当手纲上的G型钩8字扁环进入甲板时，从G型钩8字扁环上摘除G型钩，继续绞收手纲。当网具袖端绞收至绞纲机滚筒时停止绞收，而采用牵引钢丝绳分段平拖网袖和网身。在平拖网具的过程中可酌情停车或慢车，以避免网具纠缠螺旋桨。当部分网囊进入甲板尾部时，用槌杆吊钩吊起网囊，将渔获物倒在甲板上。

6. 渔获物处理

渔获物处理方法根据市场需要和船舶保鲜设备而定。冰鲜处理的步骤主要有按品种和体长或体重分类、冲洗、装箱和加碎冰储藏。速冻冷藏处理的步骤包括清洗、分类、分级、装盘、称量、速冻、装箱、冷藏。近海渔业多用冰鲜处理，远洋渔业多用速冻冷藏处理。

五、单船拖网操作注意事项

（1）松放网板时应尽量做到两网板同步。尤其对于铁木结构平面椭圆形网板，其下水时有一平卧水面的过程，如两网板下水有先后，一网板的游纲极易套入另一网板，造成网板纠缠事故。

（2）曳纲松放长度应相同，因为曳纲近网端容易磨损。若发现网具左右网袖磨损痕迹明显不同时，应检查曳纲长度。

（3）拖曳时的转向舵角需根据网板种类确定。当避让船只、转向和掉头时，采用的舵角不能过大。椭圆形网板不易倾倒，转向时可采用10°~15°舵角；立式弧面网板稳定性较差，容易倾倒，转向时舵角一般控制在5°左右。

六、单船拖网作业时网具破坏原因及预防措施

（一）主要原因

（1）拖曳时网具钩住障碍物；

（2）网具钩挂甲板上的其他设备；

（3）网衣、力纲装配不均匀；

（4）未及时修补网衣破洞；

（5）钢索连接松脱或断裂。

（二）预防措施

（1）勤测量船的位置，避免钩挂障碍物；

（2）清理甲板和网具的挂钩网衣部分；

（3）按施工图装配和修补网具；

（4）及时修补网衣破洞；

（5）放网时注意钢索连接完好。

七、实习总结与思考题

（1）总结拖网渔船的助渔设备的种类及其功能。

（2）总结单船拖网渔船的网具放网、收网流程。

（3）单船拖网渔船拖曳过程有哪些注意事项？

单船底拖网渔获物处理实习

一、实习目的

（1）学习游泳动物的调查采样、鉴定与生物学测量。

（2）分析调查海区游泳动物的种类组成、数量分布、群体组成、生物学和生态学特征及时空变化。

（3）掌握游泳动物调查与评价的技术与方法。

（4）了解调查海区的渔业资源状况。

二、实习材料与用品

（一）实习材料

单船底拖网渔获物。

（二）实验用品

保温箱、标本瓶、甲醛、乙醇、手套、记录本、铅笔、橡皮、标签贴、标记笔、量鱼板、电子秤（感量0.1 g、0.01 g和0.001 g各一台）、台秤等。

三、实习简介

根据《海洋调查规范 第6部分：海洋生物调查》（GB/T 12763.6—2007），游泳动物样品主要通过单船底拖网获取。

游泳动物调查与分析是渔业资源开发和利用的先导，是认识、了解和掌握海洋渔业资源的主要手段和工具，也是开发海洋渔业资源的必要环节。

游泳动物调查与分析是渔业资源生物学研究中的一项基础性工作。若没有综合或专项的游泳动物调查及对各种鱼类的长期监测与研究，就无法了解和掌握渔业资源状况，如渔获物种类组成、年龄、生长、食性、洄游和分布规律等，也无法掌握渔获物的数量动态变化和进行渔情预报，更不可能为渔业资源的保护、增殖、管理和可持续利用提供理论依据。

本实习通过单船底拖网渔业生产，对调查海区游泳动物的调查采样，在实验室内对样品的种类鉴定、生物学测量等，分析评价调查海区游泳动物的种类组成、数量分布、群体组成、生物学和生态学特征、时空变化等，掌握游泳动物调查与评价的技术与方法，进一步了解调查海区的渔业资源状况。

四、实习过程

（一）拖网渔获物采样

1. 估计站位渔获物总质量

把囊网里的全部渔获物倒在甲板上，记录估计的网次总质量（kg）。

2. 留取渔获物分析样品

参照《海洋调查规范　第6部分：海洋生物调查》（GB/T 12763.6—2007），渔获物总质量≤40 kg时，全部取样分析；大于40 kg时，从中挑出大型的、稀有的标本后，从余下部分随机取出渔获物分析样品20 kg左右，再把剩余渔获物按品种和规格装箱，记录该站次准确的渔获总质量（kg），并从其中留取特殊需要的样品，如用于测定不同体长组的年龄、胃含物和怀卵量的样品等。

样品如不在现场分析，应装箱/袋封好，放好标签，做好记录，核对无误后及时冰鲜、速冻或浸制。如是小型标本，要装入瓶子，放好标签，用体积分数为5%的甲醛或甲醇溶液固定。

（二）拖网渔获物样品分析

1. 核对样品

每航次调查结束时要认真核对保存的样品和记录是否相符。

2. 渔获物样品分析

渔获物样品分析必须鉴定到种，记录各种类的名称、样品质量、尾数，以及样品中最小、最大个体的体长（肛长、胴长或全长等，mm）和最小、最大个体的体重（g）。把样品分析结果记录在表5-2-1。对调查目标物种、主要经济物种和渔获物优势种，随机留出生物学测定样品35~110个个体；若样品中的待研究物种少于30个个体，则全部测定。鱼类种类名称及分类地位以《中国海洋生物名录》为依据。

3. 生物学测定

测定前将样品洗净、沥干，逐尾排列、编号，依次进行各项测定。少于30个个体的全部测定。长度以mm为单位，质量以g为单位。

（1）鱼类长度。鱼类长度应根据鱼种选测项目。测定项目主要包括全长、体长、叉长、肛长和体盘长。将测定数据记录于表5-2-2。

1）全长：自吻端至尾鳍末端的长度。鳗类、犀鳕类等以全长代表鱼体长度，其他鱼类以全长为辅助观测项目。

2）体长：自吻端至尾椎骨末端的长度。对于尾椎骨末端易于观察的石首鱼科、鲷科、鲽科等鱼类，以体长代表鱼体长度。

3）叉长：自吻端到尾叉的长度。对于马鲛、鲳、鲅、鲹和鰤等鲱科鱼类及其他尾叉明显的鱼类，以叉长代表鱼体长度。

4）肛长：自吻端至肛门前缘的长度。对于全长或体长不易测量的海鳗、带鱼、鲨鱼等，以肛长代表鱼体长度。

5）体盘长：自吻端至胸鳍后基的长度。对于胸鳍扩大与头相连构成体盘的鳐、魟等，以体盘长代表鱼体长度。

以上长度资料也可用蜡纸刺孔保存。把样品按性别和性腺成熟度分堆放好，在蜡纸上依次（分不同行）刺孔。蜡纸上要记录种名、捕捞时间与地点、蜡纸起点长度、刺孔保存样品总质量、各性腺成熟期的样品质量等。

（2）鱼类体重。所有鱼类均测以下指标，将测定数据记录于表5-2-2。

1）体重：鱼体的总质量。

2）纯体重：除去性腺、胃、肠、心、肝、鳔等内脏及体腔内脂层的鱼体质量。

（3）虾类。所有虾类均测量头胸甲长、体长、体重，并记录性别。将测定数据记录于表5-2-3。

1）头胸甲长：眼窝后缘至头胸甲后缘的长度。

2）体长：眼窝后缘至尾节末端的长度。

3）体重：虾体总质量。

4）性别和性比：对虾类根据交接器、真虾类根据生殖孔的位置分辨雌雄。

（4）蟹类。所有蟹类均测量头胸甲长和宽、腹部长和宽、体重，并记录性别。将测定数据记录于表5-2-4。

1）头胸甲长：头胸甲中央刺前端至头胸甲后缘的垂直距离。

2）头胸甲宽：头胸甲两侧刺之间的距离。

3）腹部长：腹部弯折处至尾节末端的垂直距离。

4）腹部宽：第五、第六腹节间缝的长度。

5）体重：蟹体总质量。

6）性别和性比：按腹部形状区分雌雄。

（5）头足类。测量胴体长度、体重和纯体重，将测定数据记录于表5-2-5。

1）胴长：胴体背部中线的长度。对于不同种类，胴长的测定有区别：无针乌贼，胴体前端至后缘凹陷处；有针乌贼，胴体的前端至内壳的后端；柔鱼、枪乌贼，胴体的前端至胴体末端；蛸类，不测胴长。

2）体重：个体总质量。

3）纯体重：除去性腺、胃、肠、心、肝、鳃、墨囊、盲囊等内脏的个体质量。

（三）资料整理

1.计算各站次和各航次渔获物种类组成

先把留取部分样品（含非游泳动物）的质量和尾数换算成该站次的总渔获量和数量，再计算各站次渔获物各种类每小时的质量（kg/h）和每小时的数量（尾/时）及百分比，把计算结果记录于表5-2-6中。把鱼类、虾类、蟹类和头足类按其分类系统的顺序列出学名，分别记录于表5-2-7。统计该航次（月份或季度或全年）的种类组成，记录于表5-2-7。

2. 绘制各站位总渔获量和主要种类数量分布图

绘制各站位总渔获量和主要种类数量分布图，一般以不同大小的实心圆或含有不同图案的圆圈表示数量。取值标准可由电脑自动分级，也可根据数值的分布状况人为分级。图示单位一般有两种：kg/h和尾/时。

3. 绘制各航次游泳动物种类组成和数量百分比图

绘制各航次（月份或季度或年份）调查的游泳动物种类组成和数量的百分比图，一般以圆圈或柱形表示数量，图示单位为%。

4. 长度组成

（1）不同站次的长度组成。将每次测定的个体长度资料按长度组整理，统计其分布频数、频率、最小值、最大值、优势个体长度组的范围和比例，求算平均长度。鱼类长度一般以10 mm为组距。幼鱼、虾类等较小个体的长度可以5 mm或2 mm为组距。正好落在体长组端点的值应当归为上一组。

（2）不同渔场、海区、时间的长度组成。按不同的渔场、海区、月份或季度等，统计个体长度组成。

5. 质量组成

质量组成资料的要素和方法与长度组成的相同。体重组的组距视体重分布的范围具体确定。

（四）撰写调查航次小结或监测调查报告

调查航次小结或监测调查报告主要包括以下内容：调查目的及意义、调查时间、调查海区范围、调查船只、调查网具类型和规格、参加调查的主要科研人员和船长等、调查执行情况、调查取得的主要结果、存在的主要问题和建议等。附实际调查站位和航线图、总渔获量、主要渔获种类渔获量分布图等。

表5-2-1　游泳动物拖网卡片

共_____页　第_____页

海区_____　船名_____　航次_____　站号_____　拖网号次_____　日期_____

风向_____　风力_____　天气_____　气压_____　气温_____℃　表层水温_____℃

网具类型_____　规格_____　囊网网上尺寸_____mm

放网：时间____　位置____N（S）____E（W）　渔区____　水深____m　拖速____kn　拖向____

起网：时间____　位置____N（S）____E（W）　渔区____　水深____m　拖速____kn　拖向____

曳纲长度____m　拖网时间____h　渔捞事故_____

总渔获量_____kg（估计）_____kg（准确）　平均_____kg/h

样品标本号_____　样品重量_____kg

探鱼仪映像_____

其他记事_____

种类组成

种类	全部或部分取样样品				全网渔获量				备注
	质量/g	数量/尾	体长范围/mm	体重范围/g	质量/g	数量/尾	每小时渔获量/（kg/h）	每小时渔获数量/（尾/时）	

记录_____　校对_____

表5-2-2　鱼类生物学测定记录表

共_____页　第_____页

海区_____　船名_____　航次_____　渔区_____实测站位_____N（S）_____E（W）

种名_____　水深_____m　采样时间_____　网具_____　渔获量_____kg

编号	长度/mm		质量/g				性别		性腺成熟度（期）	摄食强度	年龄	备注
	全长	体长	体重	纯体重	性腺重	胃肠重	♀	♂				

记录_____　校对_____

表5-2-3 虾类生物学测定记录表

共_____页 第_____页

海区_____ 船名_____ 航次_____ 渔区_____实测站位_____N（S）_____E（W）

种名_____ 水深_____m 采样时间_____ 网具_____ 渔获量_____kg

编号	长度/mm		质量/g		性别		性腺成熟度（期）	摄食强度	备注
	体长	头胸甲长	体重	性腺重	♀	♂			

记录_____ 校对_____

表5-2-4　蟹类生物学测定记录表

共_____页　第_____页

海区_____　船名_____　航次_____　渔区_____实测站位_____N（S）_____E（W）

种名_____　水深_____m　采样时间_____　网具_____　渔获量_____kg

编号	头胸甲/mm		腹部/mm		质量/g		性别		性腺成熟度（期）	摄食强度	备注
	长度	宽度	长度	宽度	体重	性腺重	♀	♂			

记录_____　校对_____

表5-2-5　头足类生物学测定记录表

共_____页　第_____页

海区_____　船名_____　航次_____　渔区_____实测站位_____N（S）_____E（W）

种名_____　水深_____m 采样时间_____　网具_____　渔获量_____kg

编号	长度/mm		质量/g		性别		性腺成熟度（期）	摄食强度	备注
	胴长	全长	总体重	纯体重	♀	♂			

记录_____　校对_____

表5-2-6 游泳动物数量统计表

海区＿＿＿ 船名＿＿＿ 航次＿＿＿ 作业方式＿＿＿ 网型＿＿＿

调查时间＿＿年＿＿月＿＿日至＿＿年＿＿月＿＿日

共＿＿页 第＿＿页

网序	日期	放网位置	起网位置	时间		拖网时间/h	底层水温/℃	总渔获量		主要种类渔获量							
				放网	起网			质量/(kg/h)	数量/(尾/时)	质量/(kg/h)	数量/(尾/时)	质量/(kg/h)	数量/(尾/时)	质量/(kg/h)	数量/(尾/时)	质量/(kg/h)	数量/(尾/时)

备注

统计＿＿＿ 校对＿＿＿ ＿＿年＿＿月＿＿日

174

表5-2-7　游泳动物数量统计表

海区＿＿＿＿　船名＿＿＿＿　航次＿＿＿＿　作业方式＿＿＿＿　网型＿＿＿＿　　　　共＿＿页　第＿＿页

调查时间＿＿＿年＿＿月＿＿日至＿＿＿年＿＿月＿＿日

网次	调查时间		站位				时间		拖网时间/h	底层水温/℃	总渔获量				主要种类渔获数量							
	月	日	经度		纬度		放网	收网			kg		ind		kg		ind		kg		ind	
			放网	起网	放网	起网					kg/h		ind/h		kg/h		ind/h		kg/h		ind/h	

统计＿＿＿＿　校对＿＿＿＿　　　　＿＿＿年＿＿月＿＿日

主要参考文献

［1］陈新军.渔业资源与渔场学［M］.北京：海洋出版社，2014.

［2］国家纺织工业局.纺织品　纱线捻度的测定　第1部分：直接计数法：GB/T 2543.1—2015［S］.北京：中国标准出版社，2015.

［3］国家海洋局.海洋调查规范　第6部分：海洋生物调查：GB/T 12763.6—2007［S］.北京：中国标准出版社，2007.

［4］国家海洋局908专项办公室.海洋生物生态调查技术规程［M］.北京：海洋出版社，2006.

［5］全国水产标准化技术委员会渔具分技术委员会.拖网模型制作方法：SC/T 4014—1997［S］.北京：中国标准出版社，1997.

［6］孙满昌.渔具材料与工艺学［M］.北京：中国农业出版社，2009.

［7］万荣，唐衍力，杜守恩.渔具合成纤维材料强度性能的比较与分析［J］.青岛海洋大学学报（自然科学版），1997，27（4）：490-496.

［8］邢彬彬.渔具渔法学［M］.大连：大连海事大学出版社，2017.

［9］杨乐芳.纺织材料性能与检测技术［M］.江苏：东华大学出版社，2010.

［10］杨秋红，徐磊.液体浮力法在玻璃纤维密度测试中的应用［J］.中国纤检，2008（3）：54-55.

［11］中国纺织工业联合会.化学纤维　回潮率试验方法：GB/T 6503—2017［S］.北京：中国标准出版社，2017.

［12］中华人民共和国农业部. 泡沫塑料浮子　聚氯乙烯球形：SC/T 5009—1995［M］//中国标准出版社第一编辑室. 塑料标准大全：塑料制品：中. 北京：中国标准出版社，2003.

［13］中华人民共和国农业部. 渔具基本术语：SC/T 4001—2021［S/OL］.（2021–11–09）［2022–04–28］.

［14］中华人民共和国农业部. 渔具分类、命名及代号：GB/T 5147—2003［S］. 北京：中国标准出版社，2003.

［15］中华人民共和国农业部. 渔网　合成纤维网片强力与断裂伸长率试验方法：GB/T 4925—2008［S］. 北京：中国标准出版社，2008.

［16］中华人民共和国农业部. 渔网网目尺寸测量方法：GB/T 6964—2010［S］. 北京：中国标准出版社，2010.

［17］中华人民共和国农业部. 纤维绳索　有关物理和机械性能的测定：GB/T 8834—2016［S］. 北京：中国标准出版社，2016.

［18］中华人民共和国农业部. 渔用绳索通用技术条件：GB/T 18674—2018［S］. 北京：中国标准出版社，2018.

［19］中华人民共和国农业部渔业局. 主要渔具制作　网片剪裁和计算：SC/T 4004—2000［S］. 北京：中国标准出版社，2000.

［20］中华人民共和国农业部渔业局. 主要渔具制作　网片缝合与装配：SC/T 4005—2000［S］. 北京：中国标准出版社，2000.

［21］中华人民共和国农业部渔业局. 渔具材料试验基本条件　标准大气：SC/T 5014—2002［S］. 北京：中国标准出版社，2003.

［22］中华人民共和国农业部渔业局. 塑料浮子试验方法　硬质泡沫：SC/T 5003—2002［S］. 北京：中国标准出版社，2003.

［23］中华人民共和国农业部渔业局. 主要渔具材料命名与标记　网片：GB/T 3939.2—2004［S］. 北京：中国标准出版社，2005.

［24］中华人民共和国农业部渔业局. 主要渔具材料命名与标记　绳索：GB/T 3939.3—2004［S］. 北京：中国标准出版社，2005.

［25］中华人民共和国农业部渔业局. 主要渔具材料命名与标记　网线：GB/T 3939.1—2004［S］. 北京：中国标准出版社，2005.

［26］中华人民共和国农业部渔业局. 渔具材料试验基本条件　预加张力：GB/T 6965—2004［S］. 北京：中国标准出版社，2004.

［27］中华人民共和国农业部渔业局. 合成纤维渔网片试验方法　网片重量：GB/T 19599.1—2004［S］. 北京：中国标准出版社，2005.

［28］中华人民共和国农业部渔业局. 渔网　网线断裂强力和结节断裂强力的测定：SC/T 4022—2007［S］. 北京：中国农业出版社，2007.

［29］中华人民共和国农业部渔业局. 渔网　网目断裂强力的测定：GB/T 21292—2007［S］. 北京：中国标准出版社，2008.

［30］中华人民共和国农业部渔业局. 塑料浮子试验方法　硬质球形：SC/T 5002—2009［S］. 北京：中国标准出版社，2009.

［31］中华人民共和国农业部渔业渔政管理局. 渔网　网线直径和线密度的测定：SC/T 4028—2016［S］. 北京：中国农业出版社，2017.

［32］钟若英. 渔具材料与工艺学实验实习指导［M］. 北京：中国农业出版社，1996.